不生气的智慧

做情绪的主人

第3版

王焕斌 编著

中国纺织出版社

内 容 提 要

　　情绪就像染色剂,感染着人们的喜怒哀乐;情绪又像催化剂,催化着悲老病惧。在现代生活中,随着生活节奏的加剧,人们情绪的波动也越来越大。只有学会做情绪的主人,才能有掌控命运的能力。

　　本书分析情绪和心理之间的种种联系,通过生动有趣的故事,教会读者不生气的智慧。让读者正确认识自己,正视自己的情绪,从而学会给自己消"气"、学会转化情绪、懂得释放情绪、平静面对挫折。只有做到能控制自己的情绪,才能在复杂的社会竞争中,经受住各种考验与磨砺。

图书在版编目(CIP)数据

　　不生气的智慧:做情绪的主人/王焕斌编著.—3版.—北京 :中国纺织出版社,2018.1
　　ISBN 978-7-5180-4396-5

　　Ⅰ.①不… Ⅱ.①王… Ⅲ.①情绪—自我控制—通俗读物 Ⅳ.①B842.6-49

　　中国版本图书馆 CIP 数据核字(2017)第 314940 号

责任编辑:闫星　　特约编辑:王佳新　　责任印制:储志伟

中国纺织出版社出版发行

地址:北京市朝阳区百子湾东里 A407 号楼　邮政编码:100124

销售电话:010—67004422　传真:010—87155801

http://www.c-textilep.com

E-mail:faxing@c-textilep.com

三河市宏盛印务有限公司印刷　各地新华书店经销

中国纺织出版社天猫旗舰店

官方微博 http://weibo.com/2119887771

2012 年 7 月第 1 版　2018 年 1 月第 3 版第 6 次印刷

开本:710×1000　1/16　印张:13

字数:184 千字　定价:36.80 元

凡购本书,如有缺页、倒页、脱页,由本社图书营销中心调换

安东尼·罗宾斯说:"成功的秘诀就在于懂得怎样控制痛苦与快乐这股力量,而不为这股力量所反制。如果你能做到这点,就能掌握自己的人生,反之,你的人生就无法掌握。"许多时候,并不是我们没有足够的能力和智慧,而是我们没能控制自己的情绪,在很多时候,只有控制好了情绪,我们做事才能游刃有余,才能扫清通往成功路上的障碍。有时,情绪在短时间内就形成了,甚至快到我们无法察觉到它的存在。当然,这样的情绪也有可能给我们带来好运,但在大多时候会在一瞬间破坏我们的生活。或许,我们没有办法改变天气,却可以改变自己的心情;我们没有办法控制别人,却可以掌控自己。在生活中,我们需要调整自己的情绪,理解他人的心情,争做情绪的主人。

有一次,哈里斯和朋友去买报纸,交完了钱,那位朋友礼貌地对卖报人说了声谢谢,但卖报人态度冷漠,没有一句客套话。在回家的路上,哈里斯问道:"这家伙态度很差,是不是?"朋友似乎并不生气,他说:"是啊,他每次都这样。"哈里斯有点疑惑地问道:"那你为什么还对他那么客气?"朋友微微笑了一下,回答说:"我为什么要让他决定我的行为?"

这就是智者。一位智者,他会紧紧地握住自己快乐的钥匙,他不期待每个人都给自己带来快乐,反而会将自己的那份快乐带给别人,他就是情绪真

1

正的主人。其实，我们每个人的心中都有一把控制情绪的钥匙，但是，大多数人却不知不觉地将这把钥匙交给别人掌管。在很多时候，掌控不了自己的情绪，情绪就成为了我们的主人，那么，我们的言行就会被情绪牵着走，最后，情绪不仅成为了我们成功路上的绊脚石，还给我们的生活带来诸多的麻烦。

情绪就像染色剂，它感染着人们的喜怒哀乐，同时，它又像一枚催化剂，催化着悲老病惧。在生活中，我们需要好的情绪，这样我们才能获得幸福与成功。不过，有时候我们也会被坏情绪包围，变得沮丧、愤怒，这不仅影响着我们的生活，更重要的是严重损害我们的身心健康。情绪，它在我们的生活中扮演了重要的角色，不同的情绪会让生活呈现出不同的色彩，要想掌握自己的命运，就必须掌控自己的情绪，做情绪的主人。本书主要围绕生气和情绪展开，通过生动有趣的故事，告诉你生气和不良情绪所带来的危害，同时，分析各种"怒气"的来源，给予不同的对策。阅读本书，能够让您轻轻松松掌控自己的情绪，成为情绪的真正主人。

本书在再版的过程中，更新了部分案例，结合心理学的内容，补充了几个小节。希望能给读者带来更多收获。

编著者
2017 年 7 月

目录
CONTENTS

第一章

让"气团"消失，多给自己一些阳光雨露

马克思曾说："一种美好的心情比十副良药更能解除生理上的疲惫和痛楚。"一份好心情，就如同阳光雨露，能够使我们身心愉悦。然而，对于每一个人来说，心中或多或少都会潜藏着一个"气团"，就像天空并不总是万里无云，有时也会乌云滚滚。"气团"源于坏情绪的积压，从而形成一种消极的心态，主要表现为容易生气、心情时好时坏等。事实上，多给自己一些阳光雨露，我们就可以赶走"乌云"，让郁积在内心的"气团"消失，做情绪的主人。

第一节　要开心，生气的天空永远看不到彩虹

佛说："烦由心生。"生活中，每个人不过是一个凡夫俗子，怎么会生出那么多的"气团"呢？有什么值得生气的呢？一个人在生气时都有这样或那样的理由：受到了不公正的待遇，受到他人的辱骂，受到朋友的欺骗等。虽然，只要一个人还活着，他就免不了生这样或那样的气，但是，很多时候，我们只是"拿别人的错误来惩罚自己"，本来犯错的就不是自己，何必要生出那么多的气来？何故要抛弃开心呢？而且，生气并不是一件皆大欢喜的事情，既伤自己的身心，又会得罪朋友或身边的人。所以，学会为生活多增加一些阳光雨露，开开心心，不要生气，因为生气的天空是看不见美丽的彩虹的。

德国哲学家康德曾说："发怒，是用别人的错误来惩罚自己。"别人的错误是应该受到惩罚，但并非一定要通过自己的生气来实现，而且，生气并不能达到惩罚他人的目的。既然错误在于别人，自己为什么要生气呢？难道自己发了很大的脾气，对方就能受到惩罚吗？结果恰恰相反，气得大哭，红肿的是自己的眼睛；气得一个人喝闷酒，伤害的是自己的身体；气得丧失理性，疯狂购物，挥霍的是自己的钱财。其实，这都是对自己的惩罚。而且，生气非但解决不了问题，反而会把问题弄得更加复杂。所以，面对他人有意或无意造成的错误，请学会开心，这样，生活的天空就会时常出现美丽的彩虹。

从前，有一个女子，她心胸狭窄，总是为一些小事生气，每一次生气，她都没有办法控制自己。长此以往，女子的脾气变得越来越坏。为了改掉自己的坏毛病，女子向一位大师求助。见到大师，女子就把自己的苦恼一股脑儿全倒了出来。大师听了，一句话不说，就把女子带到了一个封闭的柴房里，然后把大门锁了。女子气得破口大骂，她一个人在漆黑的屋子里骂了很

久，但是，没有一个人来理会她。女子骂累了，想到自己无论骂多久都是没用的，她又开始哀求大师开门，但是，大师还是无动于衷。

后来，女子沉默了，大师才来到了门外，问道："你还生气吗？"女子回答说："我生气的是我自己，我真是瞎了眼，怎么会到你这种地方来受罪！"大师看着远处，说道："连自己都不原谅的人怎么能心如止水？"说完，拂袖而去。过了一会儿，大师又来了，问道："还生气吗？"女子回答说："不生气了。"大师追问："为什么？"女子无奈地回答："气也没有办法呀！"大师点点头，说道："但是，你的气并没有真正的消逝，那气团还压在心里，爆发后将会更加剧烈。"说完，大师又离开了。

又过了一会儿，大师再次来到门前，女子主动告诉大师："我不生气了，因为这根本不值得。"大师笑着说："还知道值得不值得，可见你心中还有衡量，还是有气根。"女子不解，问道："大师，什么是气？"这时，大师打开了房门，将手中的茶水洒在地上，女子想了很久，恍然大悟，向大师叩谢而去。

在大多数的时候，生气并不能真正地解决问题，即使心中有气，问题也未必能够得到解决。而且，生气是一件不值得的事情，既然生气了还是不能解决问题，那何不怀着一份开心的心情来面对呢？在积极乐观的心态下，或许会对解决问题有良好的助推作用。我们摆脱了"气团"的困扰，重新获得了一份愉快的心情，这何尝不是一件美事呢？

哲人说："生命的完整，在于宽恕、容忍、等待和爱。如果没有这一切，即使你拥有了一切，也是虚无。"生活中本没有那么多的烦恼，只是因为生气太多，烦恼才会形成了"气团"，从而使我们的生活不得安宁。如果你能仔细回想每一件事情，你会发现，原来上天也很眷顾自己，亲人一直陪伴左右，朋友也从未主动离弃。为什么一定要生气呢？"气团"是一种奇怪的东西，若是吞下去会觉得反胃；若你根本不在意它，那么，它会主动消失。如果你总是任由"气团"横冲直撞，那么，乌云将笼罩整片天空；如果根本不在意"气团"的存在，那么，美丽的彩虹会重归生活。人生是有限的，哪里还有多余的时间去生气呢？在任何时候,我们应该记住:生气是用别人的错误来惩罚自己。

第二节　学看情绪晴雨表,调节出个好心情

哲人说:"人生就像一朵鲜花,有时开,有时败,有时候面带微笑,有时候却低头不语。"人生就是这样,无论我们处于什么样的境地,只要学会看情绪晴雨表,学会调节出好心情,你会发现,人生远没有想象中的糟糕,而我们所遭遇的那些根本不算什么。人生,注定就是一条曲折、困难的路。或许,烦恼无所不在,但是,面对这样一些事情,如果我们能够尝试着打开心灵的另一扇窗户,以一种积极、乐观的心态去面对,你会发现,所谓的烦恼根本不存在。人生依然无限美好,问题的出现并没有改变我们的好心情。有人这样抱怨:"这天老是下雨,还要不要人活啊,今天出门的计划又泡汤了。"而在街头的另一处风景中,一位少女正撑着雨伞散步,享受着雨天带来的那份惬意。我们发现,"下雨"这个事实并没有改变,人所改变的不过是自己的心情。像天气预报一样,情绪也有晴雨表,要想拥有一个好心情,我们要懂得选择"晴朗的天气",而不是"沮丧的雨天"。

曾经听过这样一个故事:

有个老太太有两个儿子,一个卖伞,一个刷墙。于是,老太太天天闷闷不乐,愁眉苦脸。因为晴天的时候,她担心儿子的伞卖不出去;下雨的时候,她又开始发愁另外一个儿子没法刷墙。后来,一位智者告诉他:"不妨试着换个心情,你想想,下雨的时候伞卖得最多,那卖伞的儿子生意就好,心情就好了;天晴的时候刷墙正好,刷墙的儿子生意就兴旺,心情自然也就好了。这样一来,无论是晴天,还是雨天,对于你来说,心情都没有改变。所以,无论晴天还是雨天,你所应该选择的是一份快乐的心情。"老太太听了,笑逐颜

开,再也不整天担忧天气了。

杯子里有半杯酒,一个酒鬼来了,摇了摇头,十分沮丧地说:"唉,只有半杯酒!"一会儿,又来了一个酒鬼,看到半杯酒兴奋地说:"太好了,还有半杯酒!"杯子里依然是半杯酒,但因为心境不同,心情自然大有不同。其实,每个人的心中都有一份情绪晴雨表,只是我们常常习惯阴郁的雨天,而忘记了晴朗的那方天空。于是,我们的情绪也变得阴郁起来,不由自主地以悲观、消极的心态来面对生活。如此一来,那些本来看起来十分细小的事情,也会让我们火气大发,甚至,阴郁的心情会蔓延开,逐渐影响我们身边的人。心情,与生活一样,是我们可以选择的,即使事情变得十分糟糕,我们也依然选择以快乐积极的心态面对。这样,我们不仅能理性判断事情的真实情况,而且,积极乐观的心态可助我们更好地解决问题。

从前,有一位禅师,他十分喜爱兰花。在平日讲经之余,禅师花费了许多时间来栽种兰花,弟子们都知道禅师把兰花当成了自己生命的一部分。

有一次,禅师要外出云游一段时间。临行前,禅师特意交代弟子:"要好好照顾寺庙里的兰花。"在禅师云游的这一段时间里,弟子们都很细心地照料着兰花,但是,有一天,一位弟子在浇水时不小心将兰花架碰倒了,所有的兰花盆都跌碎了,兰花也洒了满地。这位弟子十分恐慌,决定等禅师回来后向禅师赔罪。

过了一段时间,禅师云游归来,听说了这件事,立即召集了所有的弟子,他非但没有责怪那位弟子,反而安慰道:"我种兰花,一是用来供佛,二是为了美化寺庙环境。我不是为了生气而种兰花的。"

禅师喜欢兰花,是一种情感的自然释放,并不是为了生气而种兰花的。因此,即便弟子不小心弄坏了兰花,禅师也选择了快乐的心情,他不仅没有生气,还安慰弟子要放宽心。面对兰花这件事情,禅师选择了坦然的心情,自己虽然喜欢兰花,但心中却没有"气团"这个障碍,所以,兰花一事并不会影响自己的情绪,禅师依然有一份难得的好心情。而且,深知情绪晴雨表的禅师明白，自己即使生气又有什么用呢？这样反而会扰乱自己的心情，坏了情绪，不如选择一份快乐的心情，以坦然的心境面对一切，这样，我们才能收获人生的幸福与快乐。

第三节　不生气是智者的选择，生气是愚者的本性

马克·吐温说："世界上最奇怪的事情是，小小的烦恼，只要一开头，就会渐渐变成比原来厉害无数倍的烦恼。"智者往往不会在意那些小小的烦恼，因为烦恼会成为生气的源头，而生气则是十分愚蠢的行为。生活中，那些生气所带来的恶劣情绪会挑拨起内心的冲动，冲动的结果将会令我们更加生气。这样一来，情绪就会形成一种恶性循环，一发不可收拾。若是远离生气，抑制住内心的愤怒情绪，我们就会到达开心的彼岸。哲人这样形容生气带来的愤怒情绪：一个人在生气就像是在喝酒一样，一旦喝下了第一杯，就会一杯接着一杯喝下去，最后，越喝越醉，越醉越喝。于是，那些容易生气的人就这样愚蠢地陷入了愤怒的情绪里，难以摆脱。聪明的人是不会选择生气的，因为他们深知其中的道理，往往只有那些愚者才会选择生气。

一位研究情绪的心理学家曾这样说道："生气是一种最具破坏性的情绪，它所给人们带来的负面情绪可能远远超过我们的想象。"无疑，对于我们生活来说，生气的情绪，犹如一颗定时炸弹，将严重影响我们的正常生活，使生活失去了原本的平和。一个人在生气时，他的所作所为都是没有经过大脑思考的，处处沾染着冲动的痕迹，虽然，怒气在发泄的那一瞬间是顺畅的，但是，后果却需要我们为自己买单。所以，学会做一个智者，克制住内心的愤怒，不要生气，千万不要因为生气而说出愚蠢的话，做出愚蠢的行为。

从前，在古希腊住着一位名叫斯巴达的人，他有一个很特别的习惯：每

次生气或与别人争吵的时候,他都会以很快的速度跑回家,然后绕着自己的房子和土地跑三圈,跑完以后,就坐在田边喘气。许多人对他这样的习惯很不理解,每次都好奇地问这是为什么,斯巴达总是微笑不语。

斯巴达是一个勤劳而精明的人,在他的努力经营下,房子越来越大,土地也越来越广,但不管房子和土地有多大多广,一旦遇到了自己生气或者与别人争论的事情,斯巴达依然会绕着自己的房子和土地跑三圈。

几十年过去了,斯巴达老了,他的房子变得特别大,土地也变得特别广,不过,这并不会影响他那数十年不变的习惯。每当斯巴达生气的时候,他仍然会拄着拐杖艰难地绕着自己的房子和土地走三圈。好不容易走完了三圈,这时太阳已经下山了,而斯巴达则独自坐在田边,一边喘气,一边欣赏着自己的房子和土地。

这时,孙女在斯巴达身边恳求:"阿公!您可不可以告诉我?"斯巴达感到不解:"告诉你什么呢?"孙女挨着斯巴达坐了下来,说道:"请您告诉我,您一生气就要绕着土地跑三圈,这其中有什么秘密?"斯巴达笑着说:"年轻的时候,只要一和别人吵架、争论、生气,我就会绕着房子和土地跑三圈,一边跑一边想:房子这么小,土地这么少,哪有时间去和别人生气呢?一想到这里,我的气就消了,整个人就变得平和起来,然后又可以把所有的时间都用来努力工作。"孙女感到很不解:"阿公!可是,现在您年纪已经很大了,房子也大了,土地也广了,而且您已经是最富有的人了,为什么还要绕着房子和土地跑呢?"斯巴达温和地说:"可是,我现在依然会生气,为了克制内心的愤怒情绪的蔓延,我在生气时还是要绕着房子和土地跑三圈,边跑边想:自己的房子这么大了,土地这么多了,又何必要和别人计较呢?一想到这里,我的气也就消了。"

为了克制内心生气的情绪,斯巴达绕着房子和土地跑三圈,跑完了气也就消了。斯巴达这种跑步消气的行为,可谓是智者的行为,因为不生气才是智者的选择,而生气只不过是愚者的本性。

生活中总是有着我们不如意的事情,有可能是被别人奚落了,有可能是自己最珍贵的东西被别人损坏了,但是,即使面对这样一些令人生气的事情,我们依然可以选择,可以选择生气,更可以选择不生气。智者深知,即使生气了也挽回不了什么,只是徒增许多怨气,于是,他们选择了不生气;愚蠢的人,他们总是看到事情的表面,一遇到不如意的事情就喜欢生气,总认为生气是自己的权利,殊不知,时间久了,生气反而成为了自己的本性。因此做一个智者,还是愚者,关键是看你如何去选择,如何去面对。

第四节　学学阿 Q 精神,让自己"Q"起来

对于我们来说,阿 Q,似乎是一个并不陌生的名字,在鲁迅先生的描绘下,他鲜明的个性跃然于纸上。而对于阿 Q 精神,人们却对此褒贬不一:有人感到不屑,把它当做民族的劣根性;有人却崇尚阿 Q 精神的积极性,甚至有人坦言:"生活中需要阿 Q 精神。"很多时候,我们会发现,阿 Q 不仅仅出现在鲁迅先生的小说里,他还经常出现在生活中,或许,在我们身边就有这样一个人。在阿 Q 身上,有一个引人注目的特点:"在挫败或生气时他都会以虚幻的胜利感来安慰自己或欺骗自己。"由此,人们将这一情绪调节法称为"阿 Q 精神胜利法"。在现实生活中,良好的情绪是需要那么一点阿 Q 精神胜利法的。阿 Q 精神胜利法是调节情绪的一种有效方法,如果运用恰当,那么,良好的情绪会助我们走向成功。

在小说里,阿 Q 的形象看起来似乎很可笑,但是,在那个充满苦难的年代,阿 Q 只能以那种无奈的方式来增强维护自己活下去的信心与勇气。对此,有心理学家研究了阿 Q 的行为特点,认为"阿 Q 精神胜利法实际上是一种自我心理调节,对调节心态或情绪十分有帮助"。当然,我们所借鉴的是

阿Q精神胜利法的积极面,比如,遇见令人生气的事情,微微一笑,不仅快乐了自己,而且将快乐带给了别人。这样看来,阿Q并不是耍贫嘴,而是玩魔术,他所制造并享受到的快乐,实际上比那些所谓的有钱人更多。孔子曾这样评价自己的得意门生——颜回:"一箪食,一瓢饮,居陋巷,人不堪其忧,回也不改其乐。"颜回以求道为乐,尽管衣食简陋,但自得其乐。虽然,阿Q与颜回相差十万八千里,但是,他们有一个共同的特点,他们都掌握了快乐的哲学,学会了调节情绪的有效方法。的确,那些掌握了精神胜利法的人,是很少生气的,或者,即使他的心中有气,也仍然因为精神上的胜利而变得快乐起来。

在未庄,阿Q是一个极其卑微的人物,在他看来,整个未庄的人都不在自己的眼里。赵太爷进城了,阿Q并不羡慕,还说出了狂妄自大的话来:"我的儿子将来比你阔得多。"阿Q进了几回城后,变得十分自负,甚至有点瞧不起城里人。别人嘲笑自己头上的癞头疮疤时,阿Q不仅不生气,反而以此为荣,笑着回答:"你还不配。"

在未庄,阿Q经常被欺负。有时候,他被一些闲人揪住辫子往墙上碰,他就会说:"打虫豸,好不好? 我是虫豸,你还不放么?"有人说:"阿Q,你怎么如此自轻自贱?"阿Q听了也不生气,反而自诩"自轻自贱第一名",毕竟所谓的状元不也是"第一名"吗? 那么,自己的这个名号似乎并不吃亏。

与别人打架的时候,如果是自己吃亏了,阿Q也不生气,心想:"我总算被儿子打了,现在的世界真不像样……"于是,本来愤愤不平的心理也得到了满足,以胜利的姿态回去了。赌博赢来的钱被人抢走了,阿Q也不气恼,如果没有办法摆脱"闷闷不乐",他就自己打自己,这样感觉被打的是"另外一个",这样,阿Q在精神上又一次转败为胜。

精神胜利法就如同麻醉剂,让阿Q一次次摆脱内心的烦恼,变得无比的快乐。阿Q依然是阿Q,面临绝望的物质困境,唯有用精神来安慰自己。现实生活中的我们,也可以用阿Q精神来摆脱不良情绪的困扰:受到了他人的辱骂,想到,幸好失去内涵修养的人是他而不是我;受到了不公正的对待,至少我能公正地对待一个人。以精神上的胜利来安慰生气的自己，这样一来，内心的愤怒情绪就会消失不见。

日常生活中，我们常听到："真是，差点被气死了！"其实，人之所以生气，主要原因是自己心胸狭窄。三国时期，周瑜才能过人，但终因自己心胸狭窄，在诸葛亮的"攻心"之下被活活气死。临终前，他还发出"既生瑜，何生亮"的感叹。或许，周瑜至死都不知晓精神胜利法的存在。同样是拥有卓越才华的司马懿，却善于运用阿Q精神，即使诸葛亮派人给司马懿送去了"巾帼女衣"对其进行羞辱，司马懿却丝毫不生气，反而笑着对下面的人说："孔明视我为妇人焉。"如此若无其事，将阿Q精神发挥到极致。不得不承认，阿Q精神可以有效地避免自己生气，所以，学学阿Q精神，让自己"Q"起来。

第五节　做好防护，别让怒气的毒传染到自己

著名作家大仲马说："控制你的情绪，否则你的情绪便会控制了你。"对此，耶鲁大学组织行为学教授巴萨德说："有四分之一的上班族会经常生气。"人们经常受到不良情绪的干扰，稍不留神，情绪就会成为我们的主人。有人这样形象比喻："经常性的生气就好像不断地感冒一样。"在日常生活中，如果我们想要避免感冒病毒的侵袭，通常的做法是加强锻炼，防护自己的身体，这样，感冒病毒就不会传染到自己的身上。生气与感冒一样，如果我们没能做好预防工作，就不可避免地会常常发生。因此，为了不让怒气的毒侵袭到自己，我们应该做好防护。

当然，为了避免怒气的蔓延，我们所需要做的防护工作主要是学会冷静思考，这样，我们才能有效地避免盲目冲动。如何才能做到冷静思考呢？对此，爱德华·贝德福这样说道："每当我克制不住冲动的情绪，想要对某人发

火的时候,我就强迫自己坐下来,拿出纸和笔,写出某人的好处。每当我完成这个清单时,内心冲动的情绪也就消失了,我也能够正确看待这些问题了。这样的做法成为了我工作的习惯,很多次它都有效地抑制了心中的怒火。我逐渐意识到,如果当初我不顾后果地去发火,那会使我付出惨重的代价。"贝德福有这样的习惯,其实是得益于自己早年的经历。

爱德华·贝德福讲述了自己的经历:

十几年前,在美国最著名的石油公司,有一位高级主管做出了一个错误的决策,而这个决策使整个公司亏损了200多万美元。当时,洛克菲勒是这家石油公司的老总,而我则是这家石油公司的合伙人。事情发生之后,我并没有立即前往石油公司。但是,我从侧面了解到,在公司遭到巨大经济损失后,那位主要责任人却一直在躲避洛克菲勒,企图躲过一劫。我感到事情不好处理,怀着对那位主管的责难的心情,走进了石油公司。

我走进洛克菲勒的办公室,看见他在一张纸上写着什么。或许是听到了我的脚步声,洛克菲勒抬起头,向我打招呼:"哦,是你? 我想你已经知道我们公司遭受损失了。我思考了很久,但是,在叫那个高级主管来讨论这件事情之前,我做了一些笔记。"我点点头,心想,应该计算一下那位主管所造成的经济损失,这样才有说服力。我走了过去,看了看那张纸,顿时,我惊呆了,那张纸上居然写着那位高级主管的一系列优点,其中,那位主管还曾三次为公司做出过正确的决策。洛克菲勒在后面备注了这样一句话:"他为公司赢得的利润远远超过了这次损失。"

看完了洛克菲勒所记载的那些,我感到十分不解,向他质问道:"难道你打算原谅那位让公司损失200万美元的家伙? 你难道不生气吗?"洛克菲勒看了看我,笑着回答:"难道你觉得这样不合适吗? 听到公司损失的消息之后,我比你更生气,当时就决定解雇这位主管。但是,当我平静下来以后,发现事情并没有如此糟糕,经济的损失可以通过下次再赚回来,而优秀员工的失去则是不可挽回的。"最后,那位主管并没有受到任何责备,我心中的怒气也消失了。

　　这件事情对爱德华·贝德福的影响非常大，以至于后来他在回忆这件事情的时候，还忍不住发出了这样的感慨："我永远忘不了洛克菲勒处理这件事的态度，它影响了我以后的生活和为人处世的方式。我不再轻易生气，甚至面对怒气，我已经做好了一级的防护工作。"这一点并不假，所有贝德福属下的员工都可以作证。在以后的时间里，贝德福的脾气出奇的好，几乎没有大发脾气的时候。

　　生气，是一个人感到自己的尊严或利益受到伤害而产生的冲动情绪，并且这样的情绪很难一下子就冷静下来。心理学家认为，生气是人的弱点，所谓的大胆和勇敢，并不是动辄生气，而是学会思考，学会克制自己内心的冲动情绪。阻止不良情绪的蔓延，就如同抵制感冒病毒的侵袭，因此我们应该增强自身抵抗能力，冷静思考，努力使自己变得平和，这样，即使怒气冲冲而来，我们也能将它阻拦在外，冷静处理事情。

第六节　"气团"来袭，本该成功的你会发挥失常

　　有人说："人一生的历史就是一部同消极情绪做斗争的历史。"这句话似乎有点夸张，但未必没有道理。确实，克服内心的消极情绪对我们人生的成功具有重要的意义。如果我们总是容易生气，任由"气团"不断横冲直撞，那么，本来应该成功的我们也有可能会发挥失常，这是很浅显的道理。对于大多数足球迷来说，2006年的世界杯并不陌生，当时，决赛在法国队与意大利队之间进行。双方在90分钟内打成1∶1平，加时赛的最后10分钟，由于对手的挑衅，法国著名球星齐达内突然情绪失控，一头将对方后卫顶倒在地。主裁判直接出示红牌将其罚下，齐达内就这样以一张红牌为自己的足球生

涯画上了句号。最终，少一人的法国队在点球大战中输给意大利队，这就是情绪失控的恶劣后果。因此，负面情绪是一个致命的阻碍，尤其当我们即将获得成功的时候，我们会在负面情绪的影响下发挥失常。所以，我们应该及时疏导自己的情绪，化解"气团"，这样我们才有可能赢得最后的成功。

在大不列颠战争中，英国轰炸了德国的柏林，这一行为使希特勒非常生气，一气之下，希特勒开始把攻击对象从天空转移到陆地，对英国各大城市进行大规模的轰炸。然而，轰炸并没有对英国造成重大的损失和人员伤亡。相反，英国很好地利用了这一契机，重新部署了雷达系统，这样一来，德国人的气愤实则减轻了英国机场的压力。生气就像一只乱飞的苍蝇，让我们的内心失去原有的平静，这时，我们有可能会对问题的判断失准，从而做出一些难以挽回的举动。所以，在生气的时候，要慎重做决定，否则将会带来一些不必要的麻烦，甚至，会导致整个计划的失败。

1965 年 9 月 7 日，世界台球冠军争夺赛在美国纽约举行。当时，闻名世界的台球选手路易斯·福克斯十分得意，胸有成竹，因为自己的成绩遥遥领先于其他选手，只要正常发挥，便可登上冠军的宝座。

就在路易斯·福克斯准备全力以赴拿下整个比赛的时候，却发生了一件令人意想不到的小事：一只苍蝇落在了主球上。刚开始，路易斯并没有在意，他挥手赶走了苍蝇，然后就俯身准备击球。可是，当路易斯的目光重新集中到主球上的时候，那只可恶的苍蝇又停留在了主球上，路易斯皱着眉头再次赶走了苍蝇。这时，细心的观众发现了这一现象，观众席中不时发出阵阵笑声，大家都饶有兴趣地看着路易斯的一举一动。路易斯摇了摇头，再次俯身准备击球，谁知那只苍蝇好像故意与他作对似的，又落在了主球上。

就这样，路易斯与那只苍蝇一直周旋着，观众的笑声一浪接着一浪，人们似乎并不是在观看台球比赛，而是在看滑稽表演。此时，路易斯的情绪显然恶劣到了极点。当那只苍蝇再次落在主球上的时候，路易斯终于失去了理智和冷静，他气得用球杆去击打苍蝇，却不小心碰到了主球。裁判判他击球,路易斯因此而失去了一轮的机会。

约翰·迪瑞是这场比赛中路易斯的对手。本来,约翰认为自己已经败局已定,但是,见路易斯被判击球,约翰不禁信心大增,连连打出好球。而路易斯在愤怒情绪的驱使下,连连失利。最后,约翰获得了世界冠军,路易斯输掉了比赛。

一只小小的苍蝇,却击败了一个世界冠军。在愤怒情绪的驱使下,路易斯发挥失常,最终与胜利失之交臂。我们在扼腕叹息的同时,不禁为此感到震惊。这就是愤怒情绪所积压成"气团"的力量,它将我们阻拦在成功大门之外。每天,生活在这个世界上,我们就会面对许多情绪,情绪似乎影响了我们的生活。有人这样说道:"一切争吵都是从情绪开始的,一切纷争都来源于情绪。"其中,生气往往会引起强烈的行为反应,甚至有可能产生连锁反应,最后导致一连串糟糕的后果。

如何去排解生气、愤怒等强烈的情绪呢? 最好的办法就是让生气的情绪停下来,让"气团"消失,以一种平和的心态追逐成功。如何克制内心的愤怒情绪呢? 心理专家给我们支了一招:"叫停,想一想,再去做,这三个步骤,是避免引起怒火的最好方法。"

第七节　找到"火源",彻底浇灭不再复燃

现实生活中,我们会经常遇到一些令自己愤怒或生气的事情。这时候,一种恶劣的情绪就会从心底不断涌上来,它们就如同火山下喷涌的岩浆,不断加温、加热,然后在某一刻突然爆发。但是,这样一种心理情绪的失控会给我们的生活带来一些不必要的麻烦。因此,我们需要在"火山"尚未爆发之前,就应该找到"火源",并将其彻底浇灭,使之不再复燃。在通往成功的

路上，许多时候，并不是我们缺少机会，或者是能力不足，而是这些"火源"阻碍了我们迈向成功之路。因为生气让我们失去了理智，同时也错过了成功的机会。

日常生活中，我们都懂得这样的道理：阻碍大火四处蔓延的唯一有效方法是，彻底消灭火源。到底什么才是这场大火的引燃物？自己生气的根源是什么？这些必须首先搞清楚。这个世界上没有无缘无故的气，它始终是源于一个点。心理学家认为，一个人心中的怨气是一点点郁积起来的，或许，在刚开始，我们的心情只是稍微有点不愉快，但是如果这时候再遇到一系列令人头疼的事情，这时的情绪就会升温，火势便开始迅速蔓延，最终造成的结果就是"火山爆发"。

一位心理学家曾经接待了这样一位客人：

那天，一位貌似大学生的女孩走进了我的心理咨询室。一坐下，她就向我"控诉"："前两天我正在准备一次重要的考试，可是，就在前天晚上，隔壁王阿姨带着一对双胞胎女儿来串门。我暗示王阿姨说，我明天要考试，需要安静的环境。但是，妈妈特别喜欢那对双胞胎，极力挽留王阿姨再玩儿一会。小孩子很顽皮，我本来想静下心来好好复习功课，结果她们在外面打闹，我一点也看不进去，愤怒之余，内心感到一种委屈，忍不住趴在桌上大哭了一场。又想起之前种种不顺利的事情，结果越哭越伤心，几乎是整个晚上都在哭。第二天，我感觉晕乎乎的，只得昏昏沉沉地去考试，当然，这次考试很不理想。"

我听完了她的讲述，明白了这是怎么回事。我帮助她解开生气的源头："这样看来，你似乎挺喜欢生气的。从你刚才的讲述中，我可以知道，你其实有自己的房间，因此，从一开始，你就可以告诉两个孩子别闹，说会影响自己学习，这样就可以互不干扰了。后来，你在房间里复习功课，其实，不知道你发现没有，真正扰乱你心绪的并不是小孩玩耍打闹所发出的声音，而是你内心对这件事一直耿耿于怀。由于你心里太在乎这件事情，只要意识到小孩的存在,就会心烦意乱,甚至感到委屈进而大哭一场。"听了我的话,她点点头,说道:"嗯,我感到十分委屈。每次我遇到重要的事情,总是很容易被别人影响,白白浪费了我的许多时间和精力。"

看着她痛苦而又无奈的表情,我试着用理解的口吻说道:"你不要着急。其实,你应该清楚自己为什么总是容易生气,这主要是你以前处理问题的方式不对。每个人的生活并不可能都是一帆风顺,总是会遇到这样或那样的麻烦,但是,如果这些问题没有及时得到解决,往往会产生较坏的影响。时间长了,你心中就形成这样一种思维定势:一旦遇上问题,就会采取消极的反应方式,诸如发脾气、生闷气等。于是,生气就成为了你固定的条件反射。其实,任何事情都是可以解决的,只要你积极地思考,不要遇到事情就闹情绪或生气。你可以试着平静下来,或者向值得信任的朋友倾诉一番,这样,你的情绪压力就会缓解很多了。"当她走出心理咨询室的时候,我清楚地看见洋溢在她脸上的笑容。

心理学家认为,一般情况下,发脾气比生闷气好。但是,在许多人看来,发脾气似乎是一件有伤大雅的事情,于是,他们往往选择生闷气而克制自己脾气的爆发。美国心理学家所公布的一些研究结果表明,当一个人感到气愤而发脾气的时候,如果能够及时地宣泄出去,不仅有利于自己的身体健康,还有助于帮助自己找到"火源",让怒气彻底消失。

有人说:"经常性的生气就好像不断地感冒一样,会严重影响自己工作时的表现。"虽然,每个人都知道生气会严重地影响自己的工作,怎奈心中怒气却难消!其实,在怒火攻心的时候,我们应该仔细想想:心中的怒气从何而来? 那越来越强的怒火,有什么破解的方法呢? 对此,心理学家建议我们:破解怒气的关键是一定要找到怒气的根源在哪里。有时可能是一件微不足道的小事,有时可能是恶性循环的情绪反应,后者往往是愤怒和压抑所累积的结果,其爆发出来的力量是强大而惊人的。在这样一种恶性循环下,即使与自己并没有直接的关系的事,或许只是不喜欢某一个人的行为举止,都有可能会动怒。当然，要想找到"火源"，我们必须平静下来，这样我们才能更好地浇灭"火源"。

第八节　了解你的"生气指数"，测测情绪类型

一个人生气时能产生多少能量呢？有人戏谑地对生气做了一个形象比喻："普通的怒火能使三支蜡烛燃烧，最厉害的怒火能让一辆汽车引擎启动。"或许，我们会觉得这样的比喻比较夸张，但是，事实上，生气所产生的能量的确是惊人的。心理学家把那些喜欢生气的人所产生的能量称为"生气指数"，每个人都有自己的一份生气指数。可能，有人不怎么喜欢生气，有人却常常生气，那么，如何来了解自己的"生气指数"呢？

生气对一个人的身心健康有着不利的影响。一方面，生气不利于心脏的健康；另一方面，生气还会影响免疫系统的正常工作，会引起大脑内激素的变化。美国心理学家的研究结果表明，不愿意宣泄自己的不满情绪或喜欢抑制自己的愤怒的人，他们的寿命通常比那些懂得调适自己情绪的人的寿命要短。事实上，不仅抑制自己的愤怒会缩短自己的寿命，常常生气也会缩短一个人的寿命。因此，那些长寿者基本上都属于"温和"的类型，他们的生气指数偏低。因此，我们需要清楚地了解自己的"生气指数"，努力控制自己的情绪，使自己成为一个高情商的人。

世界著名学府哈佛大学曾经做了一个学生"生气指数"的测试。下面就是一份哈佛大学当时的测试卷。整个测试卷一共16道题。不妨你也通过这样的测试，来了解自己的"生气指数"吧！

（1）有时候我想骂人。

（2）有时候我想摔东西。

（3）我经常对自己的愤怒和抱怨感到莫名其妙。

（4）有时候我想对别人实施武力。

（5）我很容易对别人不耐烦。

（6）别人常说我脾气不好。

（7）排队时看到有人插队，我会忍不住提醒他。

（8）对于态度粗鲁或烦我的人，我以牙还牙。

（9）我常对自己的易怒和抱怨后悔不已。

（10）有人催我，我会生气。

（11）我很死板。

（12）有时候我太生气，太伤心，不知道自己会做出什么。

（13）我喝酒时曾摔过家具或碗碟。

（14）有时别人气得我简直要爆炸。

（15）我曾因生气同他人进行过武力较量。

（16）我几乎从未失控过。

结果分析：

（1）～（15）题，若答"是"得 1 分，反之不得分；第（16）题，答"否"得 1 分，反之不得分。

0～1 分：脾气温和，基本不会有因生气导致心脏病的危险。

2～4 分：性情相对温和，因生气导致心脏病的危险系数是温和人群的 2.7 倍。

5 分以上：脾气暴躁，因生气导致心脏病的危险系数是温和人群的 3.5 倍。

有一篇科学报告中曾经说了这样一段话："一个人在生气时的分泌物可以毒死一只老鼠。如果一个人生气 5 分钟，其所消耗的体能不亚于跑 2 公里所消耗的。"因此，许多科学家得出了这样的结论："一个人在很大程度上并不是老死的，而是被气死的。"由此可见，拥有健康的心理是非常重要的，良好的情绪、温和的脾气都是良好心理素质的必备条件。这样，在任何时候，我们都泰然自若，可以游刃有余地处理各种事情。

你很想知道自己属于哪种情绪类型吗？那么，不妨来做做哈佛大学的情商测试吧！（注：每道题都有 3 个选项，所选择的答案的分数在小括号里）

（1）假如让你选择，你更喜欢：

A 与许多人一起工作，并进行亲密接触（3分） B 和一些人一起工作（2） C 独自工作（1）

（2）当为解闷而读书时，你会喜欢：

A 史书、秘闻、传记类（1） B 历史小说、"社会问题"小说（2） C 科幻小说、荒诞小说（3）

（3）对于恐怖电影，你觉得：

A 不能忍受（1） B 害怕（3） C 很喜欢（2）

（4）以下哪种情况与你相符：

A 很少关心他人的事（1） B 关心熟人的生活（2） C 爱听新闻，关心别人的生活细节（3）

（5）到外地时，你会：

A 为亲戚们的平安感到高兴（1） B 陶醉于自然风光（3） C 希望去更多的地方（2）

（6）你看电视剧时会哭或感动得哭吗？

A 经常（3） B 有时（2） C 从不（1）

（7）路上遇见朋友时，你通常是：

A 点头问好（1） B 微笑、握手和问候（2） C 拥抱他们（3）

（8）假如在飞机上有个烦人的陌生人要你听他讲他的经历，你会：

A 暗示你颇有同感（2） B 真的很感兴趣（3） C 打断他，做自己的事（1）

(9)你想过给报纸的问题专栏写稿吗?

A 绝对没想过(1) B 有可能想过(2) C 想过(3)

(10)当别人问起你的个人隐私,你会:

A 感到不快活和气愤,拒绝回答(3) B 平静地说出你认为合适的话(1) C 虽然不快,但还是回答(2)

(11)在咖啡店要了杯咖啡,这时邻座有一位姑娘在哭泣,你会怎样?

A 想说些安慰话,但却羞于启口(2) B 问她是否需要帮助(3) C 换个座位远离她(1)

(12)在朋友家聚餐之后,朋友和其爱人吵了起来,你会怎么做?

A 觉得不快,但无能为力(2) B 马上离开(1) C 尽力为他们排解(3)

(13)送礼物给朋友:

A 仅仅在新年和生日(1) B 全凭兴趣(3) C 在觉得有愧或忽视他们的时候(2)

(14)刚认识的一个人对你说了些恭维话,你会怎么样?

A 感到窘迫(2) B 谨慎地观察对方(1) C 非常喜欢听,并开始喜欢对方(3)

(15)假如你因家事不快,上班时你会:

A 继续不快,并显露出来(3) B 工作起来,把烦恼丢在一边(1) C 尽量理智,但仍因压不住而发脾气(2)

(16)生活中的一个重要关系破裂了,你会:

A 感到伤心,但尽可能正常生活(2) B 至少在短暂时间内感到痛心(3) C 无可奈何地摆脱忧伤之情(1)

(17)一只迷路的小狗闯进你家,你会:

A 收养并照顾它(3) B 扔出去(1) C 给它找个主人,找不到就让它安乐死(2)

（18）对于信件或纪念品，你会：

A　刚收到时便无情地扔掉（1）　　B　保存多年（3）　　C　两年清理一次（2）

（19）你会因内疚或痛苦而后悔吗？

A　是的，一直很久（3）　　B　偶尔后悔（2）　　C　从不后悔（1）

（20）与一个很羞怯或紧张的人说话时，你会：

A　感到不安（2）　　B　觉得逗他讲话很有趣（3）　　C　有点生气（1）

（21）你喜欢什么样的孩子？

A　很小的时候，而且有点可怜巴巴（3）　　B　长大了的时候（1）　　C　能同你谈话的时候，并且形成了自己的个性（2）

（22）爱人抱怨你花在工作上的时间太多了，你会怎样？

A　解释说这是为了两人的幸福生活，然后仍然像以前那样（1）　　B　试图把时间更多地花在家庭上（3）　　C　对两方面的要求感到矛盾，并试图使两方面都令人满意（2）

（23）一场非常精彩的演出结束后，你会：

A　用力鼓掌（3）　　B　勉强鼓掌（1）　　C　虽然鼓掌，但觉得很不自在（2）

（24）拿到母校出的一份刊物时，你会：

A　通读一遍就扔掉（2）　　B　仔细阅读，并保存起来（3）　　C　不看就扔进垃圾桶（1）

（25）看到路对面有一个以前的朋友时，你会：

A　走开（1）　　B　走过去问好（3）　　C　招手，如对方没反应便走开（2）

（26）知道一位朋友误解了你的行为，并且正在生你的气，你会怎样？

A　尽快联系，作出解释（3）　　B　等朋友自己清醒过来（1）　　C　等待一个好时机再联系，但对误解的事不作解释（2）

（27）你怎样对待不喜欢的礼物？

A 立即扔掉（1） B 热情地保存起来（3） C 藏起来，仅在赠者来访时才摆出来（2）

（28）你对示威游行、爱国主义行动、宗教仪式的态度如何？

A 冷淡（1） B 感动得流泪（3） C 使你窘迫（2）

（29）你有没有无缘无故地感到过害怕？

A 经常（3） B 偶尔（2） C 从不（1）

（30）你属于下面哪种情形？

A 十分留意自己的感情（2） B 总是凭感情办事（3） C 感情没什么要紧，结局才最重要（1）

结果分析：

30～50分：你的情绪类型是理智型，你有较强的自制力，缺点是对别人的情绪缺少反应，建议放松一下自己。

51～69分：你的情绪类型是情绪型，有时候会感情用事，有时又十分理性，一般很少与人争吵，爱惜生活，生活得愉快、舒心。

70～90分：你的情绪类型是冲动型，很重感情，会意气用事，建议以后遇事冷静一些。

第二章

驱逐心底的怒气，用感恩的心靠近你的好运气

英国著名的作家迪斯雷利曾说："为小事而生气的人，生命是短促的。"相反，那些心胸豁达的人，他们的心胸如大海一般宽广，能够经得起生活中的暴风雨，因而生命通常较久。怒气不仅会危害我们的身心健康，还会不知不觉影响我们的事业与人生。试想，一个经常怒气冲冲的人，怎么能获得成功呢？同样，他也很难获得幸福的生活，因为幸福的人怀着一颗感恩的心，心胸宽广，懂得知足常乐。而那些心怀感恩的人，懂得以积极的心态面对生活，会更容易抓住好运气，进而取得成功。

第一节　知足常乐，每个人都呼吸着幸福的氧气

智者常常向人们讲述这样一个故事：有一位老人去赶集，买了一口锅提在手里。不料，忽然听到"哐当"一声，绳子断了，锅子掉在地上摔破了。老人看也不看一眼，掉头就走。有人好奇地问为什么不看看呢，老人却笑着说："都已经摔破了，看着它又有什么用呢？至少我没有摔倒。"的确，既然事情都已经是这样子了，生气也无济于事，倒不如怀着一颗感恩的心，这样，心才会豁然开朗。心理学家常常建议那些受怒气困扰的人们："只要知足常乐，每天，你都可以呼吸到幸福的氧气。"远离怨气，我们才能获得幸福。幸福的人总是怀着一颗感恩的心，牛奶已经洒了，生气又有什么用呢？知足常乐，快乐、健康地活着，那就是人生莫大的欣慰。

有人常常抱怨："幸福敲响了别人家的门，好运也被别人抢走了，只有我是最可怜的。"但是，当你在抱怨的时候，是否意识到一切抱怨都是内心的怨气作祟呢？由于怒气潜藏在心底，所以我们才会不自觉地生气、发怒，抱怨生活的不公平。若是想赢得幸福，抓住好运，首先要驱逐内心的怨气，所谓知足才能常乐。相反，越是不知足，越是苦恼，心中的怨气就会越积越多，做起事来也只会事倍功半。学会知足，我们才不会因生活中的琐事而耿耿于怀；学会知足，我们才不会因生活的烦恼而忧心忡忡。知足常乐，幸福才会敲响你的家门。

从前，有一个国王陷入了烦恼之中，他总是感觉自己缺少点什么，总是对自己的生活感到不满意。

有一天早上，国王决定四处走走，寻找一位幸福而知足的人。路过御膳房的时候，他意外地听到了快乐的小曲。循着声音，国王看到一个厨子正在

快乐地歌唱，脸上洋溢着幸福和快乐。国王十分奇怪，向厨子问道："你为什么如此快乐？"厨子笑着回答："陛下，我虽然只是一个厨子，但是，我一直尽我所能让我的家人快乐。我们所需的并不多，一间草房，不愁温饱，这就足够了。家人是我的精神支柱，他们很容易满足，哪怕我带回一件小东西，他们都会感到很快乐，所以，我也感到十分快乐。"

国王对此感到不解，就向丞相请教，丞相回答道："你只要做一件事情，他就会变得不快乐了。"国王好奇地追问："什么事情？"丞相说道："在一个包里，放进去 99 枚金币，然后把这个包放在那个厨子的家门口，到时候你就会明白了。"按照丞相所说，国王命人将装了 99 枚金币的布包放在那个快乐的厨子门前。回家的厨子发现了门前的布包，他好奇地将布包拿到房间里。厨子打开布包，先是惊诧，然后是一阵狂喜，他不禁大喊："金币！金币！全是金币！这么多的金币啊！"他将包里的金币倒在桌上，开始查点金币，一共是 99 枚。这不可能啊，应该不是这个数。厨子又数了一遍，还是 99 枚，他开始纳闷了："怎么只有 99 枚呢？没人会装 99 枚啊？还有 1 枚金币到哪里去了呢？会不会掉在哪里了呢？"厨子开始寻找，可是，找遍了整个房间和院子，他都没有找到那枚金币。厨子感到十分沮丧，沮丧到了极点。

厨子紧皱眉头，决定从明天开始，加倍努力工作，争取早点挣回那枚金币，这样自己就有 100 枚金币了。由于前一天晚上找金币太累，第二天早上，厨子起来得比平时晚，情绪也变得很差。他对家里人大吼大叫，责怪他们没有及时叫醒自己，影响了自己财富目标的实现。厨子匆匆赶到御膳房，他看起来愁容满面，不再像往日那样兴高采烈，也不再哼着快乐的小曲，转而埋头拼命地工作。国王悄悄观察着厨子的变化，大为不解：得到这么多的金币应该更快乐才是啊，为什么反而变得愁容满面呢？

怀着满腔疑虑，国王向丞相询问，丞相回答说："陛下，因为这个厨子心中有怨气啊！虽然他已经拥有 99 枚金币，但是却不满足，他拼命工作，就是为了挣足那 1 枚金币。以前，生活对于他来说是多么快乐和满足的事情，但是，现在突然出现了拥有 100 枚金币的可能性，幸福就被打破了，他竭力去追求那个并没有实质意义的'1'，不惜以失去快乐为代价。"

故事中的厨子显然不懂得感恩的道理，天赐的财富非但没有增加他的快乐，反而让他的生活失去了快乐，这绝不是智者所为。那些心怀感恩的人，他们视万物皆为恩赐，心中充满了感恩之情，他们懂得生活，懂得知足常乐。如果无论什么时候，我们都能将感恩的情绪融入到生活中，那么，每天我们都会呼吸到幸福的氧气，心中的怨气也会消失得无影无踪。感恩是一种爱、一种对生活、对生命的爱，生活中总是充满着烦恼与琐事，我们不妨通过思想或行动，表达出自己的感恩之情，学会珍惜上天赐予自己的、人们给予自己的、自己所经历的财富，如此，我们才能获得更多的快乐。如果能长存感恩之心，那么，我们的人生之旅必定是充满快乐与幸福的，而且，一路芬芳。

第二节　抱怨是毒品，看似是宣泄却会伤害他人

许多人喜欢抱怨，好似祥林嫂一样，见人就诉说自己的儿子，逢人便哭诉自己的不幸，而且久而久之形成了习惯。人们常常把抱怨当做一种宣泄的方式，由于内心苦闷积压太深，没有办法得到排解，于是，他们选择向家人或朋友"宣泄"，开始无休止的抱怨。对于这样的情况，心理学家警告说："抱怨是毒品，远离抱怨，快乐地活在当下。"有人这样说："抱怨就像毒品，虽然能够获得暂时的快感，却能要了你的命。"的确，抱怨就像毒品，抱怨多了，抱怨的时间久了，自然就会上瘾，而且，抱怨还会伤害到自己的朋友和家人。

可能每个人的生活都充满了太多的抱怨，甚至，突然发现自己几乎成为了一个"怨妇"或"怨夫"，有可能是生活中的一丁点不如意，就点燃了内心那些莫名的怒火和怨气。在抱怨的过程中，脾气变得越来越暴躁，内心越来越

不安,心情越来越糟糕,整个人陷入了抱怨的恶性循环:往往是对一件小事的怨气会蔓延到其他一些事情上,而对其他事情的抱怨又会导致更多的抱怨,自己的抱怨会招致家人和朋友的抱怨,而家人和朋友的抱怨又会招致自己更多的抱怨,如此,无限循环,周而复始,最终,我们的生命在抱怨声中画上句号。美国哲学家、畅销书《思考致富》一书作者厄尔·南丁格尔曾说:"我们所拥有的一切都是自己造成的,可是只有成功者会这样承认。"或许,对于成功者来说,成功的辉煌让他们主动承认这就是自己的功劳,而那些生活得十分糟糕的人,却不愿意承认一切都是自己造成的。

有这样一则古老的寓言:

从前,有一个年轻的农夫,他平日的工作就是划着小船,给另外一个村子的居民运送自家的农产品。那会正值天气炎热、烈日当头的正午,年轻的农夫汗流浃背,感到苦不堪言。为了尽快完成工作,农夫每天心急火燎地划着小船,以便在天黑之前能返回家中。有一次,年轻的农夫突然发现,迎面有一只小船,沿河而下,朝自己快速驶来。眼看着这两只船就要撞上了,但是,那只小船丝毫没有避让的意思,似乎是有意撞翻自己的小船。年轻的农夫心中顿时有了火气,大声对那只船吼道:"让开,快点让开!你这个白痴!再不让开,你就要撞上我了!"但是,农夫的吼叫完全不管用,那只船还是义无反顾地向自己驶来,尽管农夫手忙脚乱地为其让开水道,但为时已晚,那只小船还是重重地撞上了农夫的船。年轻的农夫被激怒了,他怒视着对面的那只小船。但是,令他吃惊的是,那只小船上空无一人,原来,被农夫大呼小叫、责骂的只是一只挣脱了绳索、顺河漂流的空船。

这个寓言故事告诉我们,再多的责骂、抱怨,也不能改变事情的发展方向。在一般情况下,当你极力抱怨的时候,尽管有人无私地当你宣泄的"垃圾桶",但是,你所抱怨的事情绝不会因为你的抱怨而朝好的方向发展。每个人都希望自己能够成为世界上最幸福、最快乐、最幸运的那一个,但是,如果整日抱怨、责骂,我们永远不会是幸福、快乐的那个。为什么要以抱怨的心态面对生活呢？抱怨又能有什么用呢？追根究底，抱怨所导致的最终结果不过是使我们成为令人讨厌的人。没有人喜欢听抱怨，即使是最亲的家人和朋友，因为谁也不想当情绪的"垃圾桶"。因此，我们应该以快乐、幸福以及幸运的心态去面对生活和工作，面对家人和朋友。

一位喜欢抱怨的女孩向心理医生抱怨："我十分痛苦，因为我发现，最亲密的人也不能包容我的脆弱。"心理医生好奇地询问："哦，在哪些地方，他不会包容你呢？"女孩苦恼地说："我向他讲述自己的痛苦，他却一点都不理解，反而指责我，这令我非常痛苦，这样的爱情有什么意义呢，我真想分手。"心理医生继续问道："你男友说了什么话，最让你印象深刻？"女孩子想了想，说道："他说受不了我的抱怨，说我总是看到事情消极的一面，却对积极的一面视而不见。"心理医生问道："那你知道你为什么喜欢抱怨吗？"女孩迟疑了一会儿，含糊地说："因为我有个抱怨的妈妈。"

心理医生对女孩说："那男友对你的抱怨的看法，像不像你对妈妈的抱怨的看法。"女孩点点头："是的，从小到大，我饱受妈妈抱怨的折磨。没有想到，我也像妈妈一样，成为了一个喜欢抱怨的女人。"心理医生安慰道："那你再多说说对妈妈的抱怨的理解和感受吧。"女孩回答说："第一感觉就是烦，然后就想逃跑。起初，我一听到妈妈的抱怨，就想努力去改变，希望能够消除妈妈的抱怨，但是，即使事情有所改变，妈妈还是会抱怨。那时候，妈妈总是抱怨爸爸不给钱，但是，后来我发现，妈妈似乎从来不主动找爸爸要钱。当时，我实在难以理解，妈妈所追求的到底是什么，似乎只是在追求抱怨似的。"心理医生说："你妈妈已经深陷抱怨的'毒'中，而你现在的状况也很危险，再这样抱怨下去，抱怨会成为你的一种习惯，并不断地伤害那些跟你关系亲密的人。"女孩同意医生的见解，但是，却不知道该怎么办。心理医生向女孩建议："正如你男友所说，试着看到事情积极的一面，怀着一颗感恩的心，这样你就会慢慢改掉抱怨的坏习惯。"

有人说："抱怨就好比口臭，当它从别人的嘴里说出时，我们会注意到，但从自己的口中发出时，我们却能充耳不闻。"想想自己身边那些喜欢抱怨的人，他们身上似乎有着祥林嫂的影子，再回想自己的生活，自己是否也在抱怨呢？如果发现自己正陷入抱怨的泥潭，应及时悬崖勒马，一定要放下抱怨，快乐地活在当下。

第三节　用感恩取代抱怨，你会发现自己更好运

英国哲学家洛克说："感恩是精神上的一种宝藏。"有这样一个故事：两个人看着同样一枝玫瑰，一个说："花下有刺，真讨厌！"另外一个人却说："刺上有花，真好看！"前一个人抓住毛病，盯着不放，所以，他的生活中充满了抱怨，他注定是不快乐的；而看到花的人，因为怀着一颗感恩的心，尽管刺扎手，但是，他却闻到了刺上花朵的芬芳，所以，他能感受到生活中的幸福和快乐。这个故事反映了许多人的生活态度：同样是面对生活，有的人心中充满了抱怨，有的人却充满了感恩之情。抱怨者怀着满腹牢骚，这样不仅解决不了任何问题，还会增加许多不必要的沮丧和烦恼。这样，即使遇到了幸福，也会与幸福擦肩而过，福也会变成祸；感恩者，用心去体味生活，在他看来，生活处处是阳光，即使遇到了祸，也会积极应对，祸也能变成福。所以，放下心中的抱怨，长存一颗感恩的心，你会发现自己会更好运。

一位哲人说："鲜花感恩雨露，因为雨露滋润它茁壮成长；苍鹰感恩长空，因为长空任它自由飞翔；高山感恩大地，因为大地使它高耸；大海感恩小溪，因为小溪助它辽阔博大。"是的，长存感恩之心，我们的眼界会更开阔，我们的人生阅历会更丰富。有两个人在沙漠里艰难跋涉了许多天，口渴难忍。这时，他们遇到了一位赶骆驼的老人，老人给了他们每人半碗水。面对同样的半碗水，一个人抱怨："这太少了，怎么能解渴呢？"在心中怨气的驱使之

下,他竟将这半碗水泼掉了。另外一个人虽然也知道这半碗水难以消除身体的饥渴,但是,他怀着一份发自内心的感恩收下了老人的馈赠,喝下了那半碗水。后来,拒绝那半碗水的人在沙漠中走完了自己人生的最后路程,而那位喝了半碗水的人则走出了沙漠,他开始了全新的生活。很多时候,如果我们用感恩取代心中的抱怨,就会发现好运会接踵而至。

小恩是快餐店里的一名普通员工,他每天的工作简单又枯燥——不停地做许多相同的汉堡。虽然这份工作看起来没有什么新意,但是,小恩却感觉十分快乐。无论面对多么挑剔或尖酸的顾客,小恩从来都是给予满怀善意的微笑,这么多年来一直如此。小恩那发自内心的真挚快乐感染了许多人,同事有时候会忍不住问他:"为什么你对这种毫无变化的工作感到快乐呢?到底是什么让你对这份工作充满了热情呢?"小恩回答道:"每当我做好了一个汉堡,就想到一定会有人因为这个汉堡的美味而感到快乐,这样,我也就获得了自己作品带来的成功感。这是一件多么美好的事情,因此,每天,我都感谢上天给了我这么好的一份工作。"

或许,正是小恩的那种感恩心理,使得那家快餐店的生意越来越好,名气也越来越大。最后,小恩的名字传到了老板那里。没过多久,小恩就荣升为快餐店里的店长。

著名互联网创业教父、阿里巴巴董事局主席马云曾写了一篇名为《不要抱怨,学会感恩与敬畏》的文章,他在里面写道:"我心里充满了感恩和运气,我还不如施瓦辛格,远远不如他……阿里巴巴走到现在为止,我想跟大家分享,这11年以来,越到现在越充满感恩,越到现在我们越有敬畏之心……我们总埋怨别人是错的,我们从来没有想过自己应该做什么、该做什么样的事情来完善自己。所有的成功人士,所有经历过的人,不管他吃了多少苦,他从来没有抱怨过。施瓦辛格说我感恩,感谢美国,感谢加州;我感谢谁,感谢客户。"马云之所以能获得如此巨大的成功,有人说,是运气。的确,这就是一种运气,因为心中怀着感恩之情,所以上天才会眷顾他,好远才会接踵而来。

从前，北边的边塞住着一位名叫塞翁的人，他十分善于推测人世的吉凶祸福。有一天，塞翁家里的马从马厩里逃跑了，有人看到马越过了边境，跑进了胡人居住的地方。邻居们听说了这个消息，都跑来安慰塞翁："你不要太难过了。"谁料，塞翁一点难过的意思都没有，反而笑着说："我的马虽然走失了，但这说不定是一件好事呢！"

几个月过去了，塞翁的马自己跑回来了，而且，随着跟来的还有一匹胡地的骏马。邻居们听说这个好消息以后，又纷纷跑到塞翁家里来道贺。可是，塞翁反而有点担心地说："白白得到了这匹骏马，恐怕不是什么好事！"

塞翁有一个儿子十分喜欢骑马。有一天，儿子骑着那匹胡地来的骏马外出游玩，结果一不小心就从马背上摔了下来，还跌断了腿。邻居们知道了这个坏消息都跑来塞翁家，劝他不要太伤心，没想到塞翁却一点都不难过，只是淡淡地说："我的儿子虽然摔断了腿，但这说不定是件好事呢！"邻居们感到十分诧异，心想，塞翁肯定是伤心过头，脑袋都糊涂了。

没过多久，胡人大举入侵，乡里所有的青年男子都被调去当兵。后来，大部分的年轻男子都战死在沙场，而塞翁的儿子因为摔断了腿不用去当兵，反而保住了性命。

习惯抱怨的人，即使福到了，也意识不到；而那些心怀感激的人，哪怕是祸来了，也会想办法让祸变成福。德国著名作家萧伯纳说："一个以自我为中心的人，总是在抱怨这个世界不能顺他的心。"如果一个人的心灵总是被抱怨占据，那么面对再好的东西，他也会从中挑出骨头来。所以，对于人生来说，抱怨永远是个负数，要想人生处处充满阳光，我们就必须以感恩代替抱怨，放下抱怨，停止抱怨，用感恩取代抱怨，以积极的心态去面对社会，面对这个世界。

第四节　将怨气转化成行动力，生活才会改变

英国著名作家奥利弗·哥尔德斯密斯曾说："与抱怨的嘴唇相比，你的行动是一位更好的布道师。"面对生活里的不如意，人们最普遍的行为是抱怨，不停地抱怨，抱怨父母不理解，抱怨社会太现实，抱怨朋友的欺骗，于是，抱怨成了一种习惯。然而，那些不如意、悬而未决的事情并没有得到真正的解决，自己的情绪反而因为抱怨而陷入了恶性循环，这就是抱怨所带来的负面影响。我们生活的世界每天都在发生变化，扪心自问，我们自己为这个世界带来了什么样的变化？对于好多人来说，每天做的最多的事情就是抱怨这样或那样，这些情绪会逐渐导致负面的改变。心理学家认为，放下抱怨，学会关注他人，尊重他人，积极行动起来，才会有积极的改变。所以，停止抱怨，将怨气转化为实际行动吧！

美国著名出版人、作家阿尔伯特·哈伯德曾说："如果你犯了一个错误，这个世界或许会原谅你，但如果你未做任何行动，这个世界甚至你自己都不会原谅你。"的确，与其抱怨、懊悔、悲伤，不如行动起来，让自己未来的生活更美好。从前，在魏国东门有个姓吴的人，他的独生子死了，可是，他看起来一点都不伤心，每天仍早出劳作，快乐自在。有人对此感到不解："你的爱子死了，永远也见不着了，难道你一点也不悲伤吗？"那位姓吴的人却回答说："我本来没有儿子，后来生了儿子，如今儿子死了，不是正和我以前没有儿子时一样吗？每天的那些农活依然是我的工作，我又何必去忧伤呢？花费时间去伤心，不如将这些精力投入到工作中来。"抱怨，只是一种语言而不是行动，当一个人过多地沉浸于抱怨的时候，他会失去行动力。当然，将抱怨转化为行动力，我们还需要拥有广阔的胸襟。只有看透了抱怨的实质，我们才

有可能将怨气化为行动力。

从前，有一位年老的印度大师，在他身边有一个喜欢抱怨的弟子。一天，印度大师让这个弟子去买盐，等到弟子回来后，大师吩咐这个喜欢抱怨的弟子抓一把盐放在一杯水中，然后喝掉那杯水。弟子按照师傅的吩咐一一做了，大师问道："味道如何？"龇牙咧嘴的弟子吐了口唾沫，说道："咸！"

大师一句话没说，又吩咐弟子把剩下的盐都洒入了附近的一个湖里。弟子将盐倒进湖里后，大师又说："你再尝尝湖水。"弟子用手捧了一口湖水，尝了尝，大师问道："什么味道？"弟子回答说："味道很甜。"大师继续追问："那你尝到咸味了吗？"弟子回答说："没有。"这时，大师才微微一笑，说道："其实，生命中的痛苦就像是盐，不多，也不少。在生活中，我们所遇到的痛苦就这么多，但是，我们体验到的痛苦却取决于将它放在多么大的容器里。所以，面对生活中的不如意，不要成为一个杯子，老是抱怨，而是要成为湖泊，去包容它，通过实际行动来改变自己的现状。"弟子若有所思地点点头。

什么是抱怨呢？有人说这是一种宣泄，一种心理平衡，似乎抱怨可以将那些不如意的事情发泄出来。每个人可能都会面对许多不如意的事情，如果只是一时的抱怨，并没有多大的害处。但是，有时候，抱怨久了就会形成习惯，而抱怨的根源是对现实的不满意。一个人来到这个世界上，面对生活中的诸多不如意，我们只有两个选择：要么接受，要么改变。抱怨成为我们接受事实的一个阻碍，我们总是想到：这件事对我是不公平的，这样的事情怎么会发生在我的身上呢？我们怎么能接受这样的事情？所以，一种强烈的倾诉欲望开始萌发，我们要去对别人诉说，以此证明我们的无辜和委屈，但是，在我们抱怨的时候，我们已经失去了去改变这件事情的机会。那么，当我们无休止抱怨的时候，有没有想过比抱怨更好的解决方法呢？

王小姐是公司负责企划案的经理，最近，手头刚刚接了一个企划案，可是，需要另外一个部门的配合才能有效地执行方案。令王小姐感到苦恼的是，自己的搭档因为觉得额外的工作量太多，不愿意去做。不仅如此，王小姐的搭档还责怪王小姐："我最近都很忙啊，你还拿这样的企划案来找我，真是没事找事。"王小姐心中一肚子怒火，忍不住找同事抱怨："咱们都是为工作，我们行，她怎么就不行呢？"说着说着，王小姐发现自己的怒火越来越大，甚至面对另外一个部门的员工，心中的火气也难以抑制。

不过，抱怨解决不了事情，王小姐意识到这根本不能解决问题，自己需要与搭档进行沟通。她心想：抱怨毕竟只是发泄，解决不了问题。既然是为了工作，那就是对事不对人，我得找她沟通去。王小姐找了一个机会把自己的想法跟工作中的搭档解释了一下，对方考虑之后，接受了即使加班也要完成工作的要求。工作完成之后，王小姐长长舒了一口气，说道："如果当初我继续抱怨下去，就会影响我跟她的继续合作，工作肯定完成不了。看来，以后我得少抱怨，多行动才行啊！"

工作中，我们会遇到一些人际麻烦，有些人的处理方式是跟其他人抱怨，这无疑是制造了一个"三角问题"：自己和工作搭档有问题，却和另外一个人去讨论这些事情。事实证明，一味地抱怨根本解决不了问题，改变事情现状最有效的方式是行动，只有行动才能改变事情。所以，请停止抱怨，放弃抱怨，立即开始行动吧！

第五节　"怨男怨女"在"怨场载道"中失败

我们常常听到这样的感叹："如今的怨男怨女越来越多了！"对许多人来说，"怨气"是一种合情合理的情绪，当心中的怨气堆成了小山，如果不宣泄反而会憋得慌，抱怨完了心里才会舒畅些。从心理学角度说，抱怨就如同一剂镇痛药，一时的抱怨是可以的，可以有效地释放情绪，但永无休止的抱怨是应该停止的。现实生活中，如果我们看什么都不顺眼，做什么事情都觉得不顺心，常常抱怨过了头，这样只会让人望而却步，甚至，退避三舍。那些所谓的"怨男怨女"往往会在"怨声载道"中失败，因为他们选择了报怨而放弃了努力。从一定程度上来说，他们对生活和人生的态度是不可取的，正是这种消极的态度导致了最后的失败。所以，千万不要做"怨男"或"怨女"，要努力改变自己，以一种积极乐观的态度来面对生活，这样你才会有可能赢得成功。

任何人或团队要想成功，都必须停止抱怨，因为与其抱怨不如改变，以一份接纳批评的包容心积极奋进，那么，成功离我们就越来越近。抱怨，其实是一种最消耗能量的无益举动。我们所抱怨的无非是自己的事，或者别人的事，或者上天的不公平，但是，这样的抱怨有效果吗？那些抱怨自己的人，需要试着接纳自己；那些抱怨他人的人，应该试着将自己的抱怨化作请求；那些老是抱怨上天的人，应该学会勉励自己。如此，我们才不会被别人冠以"怨男怨女"的称号，而且，我们的生活也会有巨大的转变，人生将会变得更加美好。

在公司，小丽与同事小丫是公认的"怨妇二人组"，是典型的"发泄型"人物。对工作或许是这里不满，或那里不如意，小丽和小丫常常在办公室交流心得。小丽说："小丫就是我发泄的对象，每次我抱怨完了之后，心里就会舒服一点，情绪也会变得平和起来。"小丫虽然知道抱怨是不对的，但还是忍不住，她说："其实抱怨完了，工作和生活还不是照样继续下去，什么都改变不了，看起来就像是阿Q的精神胜利法，但是，我已经上瘾了。"而且，小丽和小丫都有这样的感受，一旦自己开始抱怨，就会有更多想要抱怨的事情，于是，越"抱"越"怨"，最终陷入了"抱怨轮回"。

小丫还发现自己抱怨来抱怨去，总是那么几句话，心想：真是没意思，永远都是那么几句话。小丫常常挂在嘴边的话就是"累死了"，就在前不久的婚宴上，小丫穿着婚纱、踩着几厘米的高跟鞋也不停地向朋友抱怨："累死了，结婚真累！"直到小丽忍不住提醒她"拜托，我的大小姐，你这是在结婚！"

小丫才闭上了嘴巴。

其实,小丽和小丫不过是众多"怨女""怨男"中的代表人物。他们宁愿每天像机器一样说着同样的话,却从来没有想过通过改变自己来改变生活,这样,他们逐渐陷入了一种"抱怨轮回",反反复复,永不休止。试想,小丽和小丫整天在抱怨中度过,她们的工作能有多大起色呢?她们的事业会成功吗?到头来,她们的人生不过是一个失败的人生。

阿松来公司已经两年多了,他工作认真又细致,给上司和同事留下了很好的印象。可是,熟悉阿松的人都知道他有一个缺点,那就是工作起来老喜欢抱怨,牢骚发个不停。只要上司交给他新的工作任务,阿松总会在办公室里抱怨:"难度较大的工作就找我""这么辛苦工作也不给我涨工资""工作都干烦了""等我以后做了老板……"虽然阿松喜欢抱怨,但每次抱怨完还是将工作圆满完成。不过,在同一个办公室,他抱怨起来,多少会影响其他同事工作的心情。

有一次,阿松在电脑前边工作边抱怨。这时,上司正好走进了办公室,阿松没有发觉,仍然一边打字一边抱怨:"物价涨得那么快,一天工作累得够呛,工作还是那么点钱……"他根本不知道老板就在自己后面,身边的同事也不好意思提醒他,有个好心的同事咳嗽了一声提示他,阿松却没有领会,反而说道:"你咳嗽啥,我说得不对吗?"这时,他才发现上司就站在自己旁边,场面极其尴尬,不过,上司什么话也没说就转身离开了办公室。

后来,有一些重要的工作上司也不再找他了,阿松逐渐失去了上司的信任。前不久,公司准备提拔一个部门经理,就资历和能力来说,阿松是最合适的人选。然而,上司却将部门经理的职位给了小李,虽然小李在很多方面比不上阿松,但他勤勤恳恳,从来不抱怨也不发牢骚。失去了升职机会的阿松心理失衡,变本加厉,整天满腹牢骚,怨声载道,工作态度也大不如从前。渐渐地,上司对阿松有了很深的成见,最后,阿松不得不选择辞职离开。

在工作中,只有做好本职工作才能赢得上司的肯定与认可,也才会为后来的晋升和发展奠定基础。如果老是抱怨，牢骚发个不停，贪图一时口头之快，你的事业只会止步不前。所以，无论是在职场，还是在生活中，都不要做"怨男怨女"，应该以积极乐观的心态来迎接人生的每一天。

第六节　珍惜眼前幸福，以感恩心驱走怨气

幸福在哪里？哲人说："幸福不需要寻找，它就像一棵草，茁壮成长，在葱绿的田野蔓延。"或许，有人对此见解表示怀疑：真的是这样吗？我怎么没有感觉到呢？这是因为，那些没能幸运地感受到幸福的人，他们心中充满了怨气，怨气的浓雾模糊了他们对幸福的感觉。幸福其实就在每个人的身边，时时刻刻环绕着自己，时时刻刻眷顾着自己。每天，我们吃着香甜可口的饭菜，内心感激有一个疼爱自己的母亲；坐在桌边读着朋友的来信，内心感激有一个难得的知心朋友；坐在阳光明媚的办公室，内心感激拥有一份稳定的工作。这些都是我们眼前的幸福，如果不懂得感恩，就会对这些幸福视而不见，心中也会充满抱怨：菜太咸了！朋友能悠闲地出去旅行，而自己每天辛苦工作，工资却少得可怜。当怨气占据了一个人的心里，幸福就会擦肩而过，所以，请珍惜眼前的幸福，用感恩驱走内心抱怨的雾气。

托尔斯泰说："我并不具有我所爱的一切，只是我所有的一切都不是我所爱的。"当一个人的内心充满了感恩，那么，他对生活就会充满了爱。热爱自己的生活，才会感受到幸福。人们常常身处幸福之中，却感受不到幸福，因为内心缺少了那份感恩之情。一位作家这样写道："家庭也好，单位也好，部门也好，都是由一个个个体组成的，要推动整体的发展，需要每一个成员的共同努力。作为个人而言，每个人都应保持健康的心态，应常怀一颗感恩之心。"学会欣赏生活中一切美好的事物，对身边每一个关爱自己的人心存

感激,慢慢地,你会发现自己的需求变得越来越简单,心态也越来越平和,你才能够从那看似平淡的生活中捕捉到幸福快乐的精彩瞬间。所以,一个知道感恩的人才是心态端正、心理健康、心智成熟的人。

刚认识他的时候,小娜是一个刚刚毕业的大学生,他却是一个落魄的穷书生,大学老师虽然听起来很光鲜亮丽,但对于年轻的他来说,却是什么都没有,只有一间十几平方米的小屋。因为爱情,小娜还是选择跟他在一起,朋友不太理解:"他什么都没有,你跟他在一起会幸福吗?"小娜脸上洋溢着幸福和快乐,说道:"但是,他陪在我身边,我很珍惜跟他在一起的日子。"

结婚后,他转行做生意,虽然满脸书生气,但渐渐在复杂的商海里应对自如,成为了一个成功的商人。小娜还是那张幸福的笑脸,在家里照顾孩子和他,让家时刻充斥着爱的气息。无论他晚上回来有多晚,小娜总是给他留着热腾腾的饭菜,她明白在外应酬大多数时候都是喝酒,她担心他的胃。有时候,也会有一些闲言碎语传到小娜的耳边,说着他和公司那个美丽的女秘书,可小娜却笑着回应:"应该感激有这样能干的秘书帮助他,我在家里也省心了。"这话传到了公司,渐渐地,女秘书竟成为了小娜的闺中密友。一转眼,小娜结婚也有十年了,有人问她幸福的秘诀是什么,小娜微微一笑,说道:"幸福就是怀着一颗感恩的心。"

在西方流传着这样一句谚语:"所谓幸福,就是有一颗感恩的心。一个健康的身体、一份称心如意的工作、一位深爱你的爱人、一帮可信赖的朋友。"获得幸福的重要条件是拥有一颗感恩的心,知道感恩,你才会获得真正的幸福,也才会珍惜眼前的幸福。有的人不懂得珍惜眼前的幸福,总觉得别人都是欠自己的,总认为别人对自己不够好,总觉得自己的生活不够完美,在抱怨声中,他们亲手毁掉了幸福。

阿兰从事办公室工作,但她很不满意,经常抱怨:"办公室工作,清闲倒是清闲,可没有什么油水,不像你们做业务的,一笔单子就相当于我干一年""什么?你的年终奖有1万元?凭什么你们公司这么大方啊?我跟你的工作差不多,可我的年终奖才不到 3000 元,还是你们公司好,真大方""你老公真有本事,都自己开公司了,哎,哪像我那位,只能是打工仔的命啊"在同事们看来,阿兰太喜欢比较了,远到以前的同学,近到现在的同事,她都要比一比,常常絮絮叨叨地抱怨:"比我强? 凭什么?"

渐渐地,同事们开始避开她。中午大家在食堂吃饭,只要阿兰在场,同事们怕阿兰抱怨个不停,便谈起自己的倒霉事:"哎呀,我昨天又丢了一张大单子,损失不小哇!"大家都觉得,若是谈论一些倒霉的事情,这样会相对降低阿兰的心理敏感度,不会招致她的抱怨。时间长了,阿兰也知道了同事们的用心,有时候,她也这样问自己:"我只不过才工作两年,而且这份工作又稳定,衣食无忧,还有什么不满意的呢?"同事也经常安慰她:"你看你,这么年轻,工作也没做几年,不要太着急了。只要你踏实肯干,前途还是不错的。"逐渐地,阿兰也懂得感恩了,开始珍惜自己眼前的幸福与快乐,那些比较、抱怨的声音也越来越少了。

许多人都有这样一个特点:过分地去和别人比较,却忽视了自身的价值。在日常生活中,他们所关注的是,谁又升职了,谁又买房了,谁又换车了,再想想自己的生活却是一成不变,于是,心理失去了平衡,开始了抱怨。事实上,没有升职,没有房子,没有车子,我们依然可以过得幸福。幸福并不是建立在比较之上,而是要懂得感恩、珍惜眼前。所以,请珍惜眼前的幸福,用感恩的心驱走心底的怨气。

第七节　表达你的感恩,别做可怜的"闷葫芦"

尼采说:"感恩即是灵魂上的健康。"在现实生活中,有时候,我们会受到他人的恩惠;有时候,我们会给予别人以帮助,在帮助别人的过程中,不仅他人受益,我们自己也在受益,因为我们收获了感激。感激,它如同甘露滋润了感谢者的心,以及被感谢者的心;它是心灵之桥,让人与人之间不再冷漠孤独。感恩,其实是一种幸福,那些心存感激、不忘他人滴水之恩的人,才是真正幸福的人。然而,现代社会人心浮躁,不满的情绪积压在心底,人们常常忘记了感恩,更关键的是,忘记了表达自己的感恩。感激是来自内心深处的一份感动,它是我们的一种感觉,但是,如果别人给予我们一定的恩惠,我们应该让对方知晓那份感恩,大方地表达出自己的感恩。相反,如果你什么都不说,什么都不做,别人也许会认为你是一个自私的人、一个不知道感恩的人,而对于自己来说,却是一肚子委屈说不出。所以,大胆表达出你的感恩,不要做可怜的"闷葫芦"。

日本作家江本胜曾在《水知道答案》中提到:"当向水传递我们人所以为的恶意的信息时,水要么很难结晶,要么结晶的照片很难看。当向水传递我们人所以为的善意的信息时,水结晶的照片很美。"根据这样的推断,有人做了一个实验:将三杯水分别贴上"爱""感激""爱和感激"的字条,再观察它们的结晶,最后发现,那贴有"爱和感激"字样的水结晶更倾向于"感激"字样的水结晶。这是因为感激的能量比爱的能量更大,所以,其水结晶的照片也是最美的。对此,心理学家认为,一个懂得感恩的人必定是一个善良的人。如果你并没有其他的美德,至少抱着感激之心而生、而死。

刘若英到底有多红,看看《后来》《为爱痴狂》的传唱度就知道了。想当年,奶茶刘若英夺得了金马影后,但是,随后却迎来了三年的沉寂。当时,奶茶没有了收入,也没有了工作,而且这些情况还必须瞒着奶奶。每天,奶茶照旧去唱片公司,看着工作的同事们对他们笑。下班的时候,同事总是会喊:"奶茶,走,吃饭去!"

多年以后,奶茶红了,但是,每当回想起那个时候,奶茶总是微笑着说:"她们都知道我饿了。"奶茶在许多不同的场合都提到过这段往事,同时表达出对当年给自己一口饭吃的人感激不已。奶茶常笑着说："所以，他们现在常说我老爱请客，其实我不是，现在我请再多的客，都没有办法回报他们当初给我的那一口饭。"因为怀着一颗感恩的心，奶茶在娱乐圈红这么多年。

一个再成功的人也需要别人的帮助，更何况是平凡的你我。撇开那些陌生的恩惠，其实，每一个人在这个世界上所受到的恩惠都差不多。疼爱子女的父母，宁愿自己受苦，也不让子女受一点点委屈；心情低落的时候，总有一两个朋友陪在身边默默地支持；从小到大，老师总是苦口婆心，谆谆教诲。甚至，每天我们所遇到的清洁工人，勤勤恳恳，为我们带来好心情。或许，在很多时候，那些感激的话梗在喉咙里，不好意思说出口。但是，若不说，又有谁会知道呢？所以，感恩，一定要大声说出来。

小菲向心理咨询师讲述了自己的经历：

"两年前，我大学一毕业就进入了现在这家广告公司，在公关部门做客服工作。可能是因为我外表不错，口才也伶俐，很快就赢得了客户的青睐。没过多久，公司为了一笔大业务特别组建了一个团队，我虽然是新人，但凭着自己的良好的口语和沟通能力，我荣幸地成为了团队中的一员。在团队工作中，有时候需要整理一些资料，我会吩咐之前部门的同事，他们对我的要求总是有求必应。最后，在我们整个团队的努力之下，公司如愿签了订单，而我的能力也得到了提高。"

"当我再次回到原来的部门，上司更加看重我，工作也越来越得心应手。不过，我感到许多同事对我没有以前那么亲热了，他们开始对我'敬而远之'。说老实话，我挺感激身边的同事，他们在工作上给予了我许多帮助，否则，以我一个人的力量，是没有办法胜任团队工作的。然而，我天性是个内敛的人，不喜欢把那些感谢的话说出来，更喜欢埋在心里，并寻找一个恰当的机会来表达我的感谢之意。"

"有一天，我让同事小李帮忙整理客户的资料，谁知，粗心大意的小李竟弄错了，我不禁有点生气，说道：'怎么这么简单的事情都做不好呢？像你这样的工作态度，要想成为老板，真的太难了。'工作结束了，我去了趟洗手间，一会儿，同事们走了进来，她们议论纷纷：'小李，你帮她多少好像都是应该的，不帮她呢，她就对着空气抱怨不止，搞得大家都没有心情；帮完了，她又威风了，也不知道，她心里怎么有那么多怨气？''就是啊，好像我们帮助她都是应该的，从来不懂得说谢谢。''真是，不过，她人看起来挺不错的，可能是新人，不懂得表达吧！'听到同事们的议论，一阵委屈从心底涌出来，原来，在同事们的眼里，我只是个不懂感恩的'怨妇'吗？我从小就被教育对他人的帮助要说'谢谢'。从内心来说，我很感激这些同事，但是，由于没有及时地说出来，没想到他们对我竟然产生这样的误解。"

像小菲这样，明明心里存着感激之情，却偏偏说不出来，终于让所有的同事都误会了她。不懂适时表达出自己的感激之情，不仅使他人心理上难以接受，自己也感到委屈。或许，有的人会觉得，只要心里感激就可以了，不用说出来，可是，事实告诉我们这样是不行的。我们应该学会感谢，这样的感恩不仅来自于心灵，还需要通过语言表达出来，真诚地向对方说一声："谢谢！"无论帮助的结果如何，我们都要养成感谢的习惯，而且大方地表达出自己的感恩，不要老是闷在心里，或者根本没有意识到，否则，很容易陷入人际危机的恶性循环。

第八节 怨者无能又容易后悔，强者无怨亦无悔

成功只会垂青那些积极主动的强者。敢于担当，勇于接受来自生活的挑战，艰难险阻才有可能变成坦途。对于强者来说，任何事情他们都会尝试

着去做，因为敢于去做，迎难而上，事情也许会迎刃而解。其实，很多让自己顾虑重重的困难，竟然只是一件小事，根本不值得忧虑、抱怨。真正的强者，从来不抱怨，他们总是把那些消极的想法从内心中扫除殆尽，让自己的内心充满阳光、充满希望。相反，一个弱者、无能的人，他们的生活中总是充满了抱怨，因为无力改变现状，或者内心根本没有想要改变现状的意识，因此，他们除了抱怨，别无他法。抱怨者，既没有解决事情的能力，又特别容易后悔；强者，他们有着卓越的能力，从没有怨言，做任何事情都会勇往直前，因而比抱怨者更接近成功。

人们总是欣赏那些积极主动的强者，并对其充满了敬佩之情。可是，在这个世界上，真正的强者并不多，成功的人只是少数。那些所谓的庸人呢？事实上，他们是因为自己而平庸，因为不断抱怨而平庸。有的人动不动就说"这个社会怎么怎么样""我简直是英雄无用武之地"；真正的强者从不说这些，因为他们相信努力改变命运，与其抱怨不如行动。面对人生的诸多不如意，我们都不要再抱怨了，抱怨只会让自己变得更加无能，而一个强者是不会抱怨这些的。强者往往是通过调整自己的心态，并积极努力改变现状，而弱者则是被生活改变，所以，弱者成为了最后的抱怨者，强者却走向了成功。

小李和小王是大学同学，大学毕业时，两人签了同一家国企，更巧的是，两人居然被分到同一个办公室。小李在大学里就是赫赫有名的人物，又曾任学生会主席，沟通能力和处理问题的能力都很强；小王虽然成绩优秀，但是在大学没有参加社团活动，处事能力较弱。

在办公室里，挂着职称的科长和两名副科长都不负责具体业务，另外两位年纪稍大，自己觉得升迁无望，每天就只想着混日子，一旦有任务分配下来，他们自然会推给小李和小王："小伙子，多锻炼，对自己有好处……"小李每次都欣然答应，做事情十分积极；小王则相反，他觉得同样都是在办公室工作，怎么就自己一个人像做事的，因而接到新任务不积极，心中怨气也越来越大。

前不久，领导决定在家属楼后面的空地上建一座三层小楼，作为员工的健身中心。这项任务最后落到了小李他们办公室里。小王知道艰巨的任务又来了，索性在第二天请了病假，最终小李接下了这个工作，科长还不断嘱咐小李："抓紧时间啊，这可是关系全公司职工切身利益的大事啊。"接下来的一个月时间里，小李天天往外面跑，把那些有名的健身中心都跑了个遍，不仅拍了照，还去图书馆查资料，每天忙得晕头转向。而小王和其他人则在办公室里悠闲地喝着茶，看着报纸。没过多久，小李将图纸交给了科长，因为设计比较成功，受到了公司的嘉奖。小王则在旁边抱怨："哎，早知道我应该来接这个任务，领导太不公平了，知道那天我请假就无视我的存在。如果我接了任务，说不定比他完成得还要漂亮……"

后来，只要小李得到了上司的嘉奖，小王都要抱怨一番："领导对我太不公平了！"刚开始的时候，办公室同事还对小王说些打抱不平的话，可是，时间久了，大家也不怎么关心了，反而会在背后议论："自己没本事就别吱声嘛，见不得人家好！他一天的抱怨怎么那么多，还不是自己无能，否则领导怎么会不重用你呢？"

美国前总统罗斯福曾说："未经你的许可，没有任何人能够伤害你。"有的人自己办不了事情，别人办了漂亮事，他还会到处抱怨："其实我很有能力的！""他凭什么就能得到领导的重用啊？""这件事我会比他做得更好，可领导偏偏不找我嘛！"但是，真正的原因呢，却是自己没有能力，或是自己不肯行动。真正的强者，他所想的是如何解决问题、如何完成这件事情，而不是去抱怨。所以，强者会在努力中赢得成功，而无能的人只会在抱怨声中碌碌无为。

有一句话说得好："多数人都想改造世界，但却很少有人想改造自己。"可能，影响一个人成功的因素会很多，但是，如果你连自己都不想改变，你会成功吗？许多人习惯抱怨社会，抱怨他人，抱怨自己，可是，你曾想过这是因为自己不够强大吗？一个人把自己定位在"弱者"的位置上，他才会觉得无法改变，从而变成了一个抱怨者。为什么不让自己变得强大起来呢？努力改变自己，让自己变得强大起来，成为真正的强者。我们要记住这样一个道理：要想成为一个强者，必先无怨。

第三章

扫去挫折的"败气",打开成功之门

生活中,我们常常为一些不必要的事情而生气,有时候遭遇了不可避免的挫折,内心的怒火比失望的情绪更大。有这样一句名言:"请享受无法回避的痛苦,比别人更早、更勤奋地努力,才能尝到成功的滋味。"面对挫折与失败,心中或许有气,但是,生气又能如何呢?即使生气了,成功也不会降临,不妨扫去挫折的"败气",早些努力,尽早为自己打开成功之门。

第一节　失败了不要生气，开心地获得一次经验

悲观主义哲学家说："我们在出生时之所以哇哇大哭，是因为我们预知到生命必然充满痛苦，迎接新生命到来的成人之所以满心欢喜，是因为又多了一个人来分担他们的苦难。"事实上，人生旅途中的苦与乐，都是自己内心的感受。诸如挫折、失败，或许我们在遭遇时会感到痛苦，甚至生气，埋怨上天的不公平，但正因为有了挫折与失败，我们才会变得更加坚强、勇敢。面对失败，有的人会生气，会抱怨：为什么别人能够如此轻易获得成功，而自己却总是失败呢，上天对自己太不公平了。可是，你想过没有，生气只是一种情绪表现，它既不能为你挽救错误，还有可能成为你走向成功之路的绊脚石，因为生气的情绪会阻碍一个人冷静地思考。所以，即使失败了也不要生气，不妨开心地接受它，汲取其中的经验教训，这样我们才有可能赢得成功。

罗斯福在参选总统之前被诊断出患了"腿部麻痹症"，医生对他说："你可能会丧失行走的能力。"听了医生的话，罗斯福没有沮丧，反而微笑着说："我不仅要走路，还要走进白宫。"罗斯福最终走进了白宫，成为美国最伟大的总统之一。对于一个真正的强者来说，人生的一点小挫折、小失败并不算什么。有的人一遭遇不幸或失败的时候，就瘫坐在地上捶胸顿足，似乎向上天发泄心中的怒气，可是，这样生气又有什么用呢？不幸还是不幸，失败还是失败，那些既成的事实一点都没有改变。如果想要改变失败造成的现状，唯一同时也是最有效的办法是接受失败，从这次失败中吸取教训，为成功做好准备，否则，我们有可能永远被定义为"失败者"。

在大山里，有一个可怜的男孩，在他10岁时母亲就因病去世了。父亲是一个长途汽车司机，长年累月不在家，没有办法照顾男孩。于是，自从母亲

去世后，小男孩就学会了自己洗衣、做饭，照顾自己。然而，上天似乎并没有过多地眷顾他，在男孩17岁的时候，父亲在工作中因车祸丧生。在这个世界上，男孩没有什么亲人了，也没有人能够依靠了。

可是，对于男孩来说，人生的噩梦远没有结束。男孩走出了失去父亲的悲伤，开始外出打工，独立养活自己。不料，在一次工程事故中，男孩失去了自己的左腿。尽管惨遭如此挫折，但男孩并不抱怨，也没有生气，苦难铸就了他坚强的性格。面对生活随之而来的不便，男孩学会了使用拐杖，有时候不小心摔倒了，他也不愿请求别人的帮忙，总是坚强地站起来。同时，他还从事着一份简单的工作。

几年过去了，男孩将自己所有的积蓄算了算，正好可以开个养殖场。于是，他把自己全部的积蓄拿来开了一个养殖场。但老天似乎真的存心与他过不去，一场突如其来的大火，将男孩新的希望又夺走了。终于，男孩忍无可忍，气愤地来到了神殿前，生气地责问上帝："你为什么对我这样不公平？"听到男孩的责骂，上帝一脸平静地问："哪里不公平呢？"男孩将自己人生的不幸一五一十地说给上帝听。听了男孩的遭遇，上帝说道："原来是这样，你的确很悲惨，上天对你太不公平，但是，你干吗要活下去呢？"男孩觉得上帝在嘲笑自己，他气得浑身颤抖："我不会死的，我经历了这么多不幸，已经没有什么能让我害怕。总有一天，我会凭借自己的力量，创造出属于自己的幸福。"上帝笑了，温和地对男孩说："有一个人比你幸运得多，一路顺风顺水走过了生命的大半部分，可是，他最后遭遇了一次失败，失去了所有的财富。失败后他绝望地选择了自杀，而你却坚强地活了下来。"

人生的不幸历练着男孩坚强的性格，生活的失败铸就着男孩积极乐观的个性。遭遇事业的又一次失败后，男孩终于忍不住了，责问上帝为什么对自己这样不公平？这样的行为，我们似乎在大多数失败者身上都能看到，每每遇到不如意的时候，他们总是质问："老天，为什么我总是不幸的，为什么对我这样不公平？"在上帝的启发下，男孩明白了。即使失去了所有，他也没有退缩，或许真的就如他自己所说的那样，总有一天，他会凭借着自己的力量，创造出属于自己的幸福。

关于著名女性化妆品公司玫琳凯公司创始人玫琳凯女士，有这样一个故事。

小时候，妈妈总是这样勉励玫琳凯："你能做到，玫琳凯，你一定能做到。"对于年轻人来说，你不可能每件事都能成功。在失败的时候，母亲总是鼓励玫琳凯展望未来："你绝不可能每一次都是最棒的，接受失败，学会从失败中吸取教训，你才能继续前进。"面对失败，不要生气，玫琳凯女士不仅将这句话作为自己的座右铭，还将这句话作为公司的理念来激励更多的女性。玫琳凯女士坦言，自己想创建公司是在遇到了一些挫折之后才真正开始的。

玫琳凯女士说："我建立公司时的设想是想让所有女性都能够获得她们所期望的成功，这扇门为那些愿意付出并有勇气实现梦想的女性带来了无限的机会。"然而，在创业之初，她就经历了挫折。玫琳凯女士用5000美元建立了"美梦公司"，自己包装产品、贴标签，标签上写着："玫琳凯化妆品"。然而，就在公司开张一个月的时候，丈夫因心脏病发作不幸去世。同时，律师警告她，经营化妆品公司的失败率极高，但是，玫琳凯女士仍决定再试一次。一路走来，她也走了不少弯路，但是，玫琳凯女士从来不灰心、不泄气。如今，玫琳凯化妆品已成为世界著名的化妆品品牌。

有一句玫琳凯女士很推崇的话："失败一次，就向成功靠近一步。"那些成功者绝不会害怕人生所面临的失败，从来不畏惧失败。玫琳凯女士经常对公司员工说："如果比较一下我们的双膝，你们会看到我膝上的伤疤比在场的任何一个人都要多，这是因为我一生中有过无数次摔倒再站起的经历。"其实，把人生的每一次失败都当做是一次尝试，不要抱怨上天的不公平，不要责怪家人和朋友，生气只会让我们离成功越来越远。试着接受每一次失败，从中吸取教训，这样我们在成功的路上才会走得更远。

第二节　想成大事，先锻炼自己的受挫忍耐力

有人说："挫折就像是一块石头，对于弱者来说，它是一块绊脚石，让你止步不前；对于强者来说，生活是一块垫脚石，让你看得更远。"一个人如果经不起挫折，受不了历练，就只会沉浸在挫折带来的痛苦中，心中除了怨气还是怨气，永远没有前进的方向，也没有进步。其实，对于我们来说，挫折并不完全是一件坏事。在经受挫折的过程中，我们不仅锻炼了受挫忍耐力，从挫折中所吸取的教训也将成为我们迈向成功的垫脚石。许多人在面对挫折的时候，总表现得怨愤难平，似乎自己的遭遇总是不公平的。他们习惯于抱怨他人，抱怨上天，可是，他们却从来不思考自己能去做点什么。一个想成大事的人，首先应该锻炼自己的受挫忍耐力，而不是被"败气"所吞噬。

哲人说："挫折造就生活。"成大事者，必须经得起挫折的历练，经得起失败的打击，因为成功是需要风雨的洗礼。一个有追求、有抱负的人，他们总是视挫折为动力，甚至，挫折是他们成功的一块跳板。他们从来不去抱怨那些挫折，也从来不会去埋怨别人，因为他们明白，挫折是人生的一门必修课，自己是否能顺利毕业，实则源于内心强劲的忍耐力。挫折并不是不可战胜的，所以，即使我们遭遇了挫折，也没有必要怨天尤人，抱怨只会无限扩大挫折的破坏性。面对挫折，我们所需要做的就是不要畏惧，直面挫折，将任何的"怨气""败气"都吞到肚子里，将生活中的每一次挫折都看做是上天给我们的一次考验。只要心中怀着必胜的信念，积极努力，我们就一定能战胜挫折，从而赢得成功。

有一天，一头驴遭遇了人生的"大挫折"，它不小心掉进了一口枯井里。虽然它的主人很想救出它，但是，那位农夫绞尽脑汁，想尽了办法，几个小时

过去了,那头驴还在枯井里痛苦地哀嚎着,心中的绝望大于愤怒,自己难道就要埋葬于此吗?

最后,农夫决定放弃,心想,反正这头驴年纪也大了,不值得大费周章去把它救出来,但是,无论如何,要将这口枯井填起来,以免其他动物掉进去。于是,农夫请来了左邻右舍,大家一起帮忙将枯井填满,同时,也好免去驴的痛苦。农夫和邻居们手拿铲子,开始将泥土铲进枯井中。

那头驴很快了解到自己的处境,它心里满是怨恨,心中的愤怒大于绝望:主人怎么可以这样对我呢?最后,它忍不住流下眼泪,并不断在枯井里发出痛苦的嘶叫声,似乎在向上天诉说自己悲惨的命运。但是,没过多久,这头驴就安静了下来,它不再生气,也不再悲伤。

那位农夫好奇地探头往井底一看,眼前的景象令他大吃一惊:当铲进枯井里的泥土落在驴身上的时候,它将泥土抖落在一旁,然后站到铲进的泥土堆上面。那头驴将大家铲进、倒在身上的泥土全部抖落在井底,然后再站上去。很快,那头驴便出现在人们的眼前,大家都惊讶地捂住了自己的嘴巴。

美国著名思想家、诗人爱默生说:"困难,是动摇者和懦夫掉队回头的便桥,也是勇敢者前进的踏脚石。"当困难与挫折来临,事实已经无法改变,这时候,最重要的就是以积极冷静的心态面对。刚开始,那头驴又是愤怒,又是绝望,不断在枯井里发出痛苦的嘶叫声,但是,事实改变了吗?驴的处境没有丝毫改变,似乎变得更糟,眼看就要被埋掉了。在极度绝望之下,它安静了下来。当情绪平复下来之后,它竟然发现了一个解决困境的好办法,踏着那些将要淹没自己的泥土,一点一点起来,最后,它终于站在了井口处。如果这时候回想自己之前的表现,它肯定也会觉得:挫折并不算什么。有多少挫折,就需要有多大的忍耐力,如此,我们才会收获更多的丰硕果实。

一位少年自认为看破了红尘,放下了一切,历经了千辛万苦找到了隐藏在深山里的寺院,他求见方丈要求出家,他认为自己只有在这里才能真正地洗去城市的繁华与浮躁。方丈仔细打量着少年,问道:"做和尚要独守孤灯,终身不娶，你能做到吗？"少年坚定地回答："能。"方丈又问："做和尚要每日三餐粗茶淡饭，粗衣薄褂，夏热冬寒，你能忍受得了吗？"少年回答说："能。"方丈又问："做和尚要无欲无求、无怨无恨，不问恩情，不记仇恨，无论任何时候都要心如明镜，不染尘埃，你能做到吗？"少年斩钉截铁地说："能。"方丈又问了一些关于佛法的问题，少年都能做出很好的回答。但是，方丈却拒绝了少年出家的请求，反而把少年送下了山。临走时，方丈留下了这样一句话："未曾拿起莫谈放下，当你真正拿起时，你再回来告诉我，还能不能放得下。"

　　真正地放下一切，应该是"无欲无求、无怨无恨，不问恩情，不记仇恨，无论任何时候都要心如明镜，不染尘埃"，而这一切需要强大的受挫忍耐力。没有真正地经历过挫折，自然就没有足够的忍耐挫折力。挫折一旦降临，少年便冲动地想要逃避整个世界，他心中其实还有怨气，同时还有一种"败气"，所以，他的请求遭到了方丈的拒绝。只有真正经历了挫折的人，他们才能放眼望世界，才能深入了解人生，才有可能成就大事。

第三节　调整情绪，"偃旗息鼓"还是"迎头赶上"

　　挫折与失败，锻炼我们强劲的受挫忍耐力，但是，这样似乎还不足以战胜挫折。战胜挫折既需要智慧，又需要平静的心态。学会调整自己的情绪，尽量让自己保持平静，再思考如何面对挫折。当然，面对挫折，我们有两个必然的选择，即"偃旗息鼓"还是"迎头赶上"。有的人在遭遇挫折与困难的时候，冷静地分析其利弊，如果继续前进，有可能会遭到更大的失利，因此，他们决定"偃旗息鼓"，休整片刻，再整装待发；有的人则认为，迎难而上才是战胜困难的不二选择，所以，他们毫不犹豫地向前行，最后赢得成功。其实，任何一种选择都需要根据事实情况而定，不管是"偃旗息鼓"还是"迎头赶上"都只是一种谋略，它帮助我们战胜挫折，赢得人生。谋略的关键在于我们要有平和的情绪，只有充分冷静地思考，才有可能作出正确的选择。所以，即使遭遇了逆境或挫折，也不要被这种负面情绪所困扰，学会调整自己的情绪，以一种平和的心态来决定是"偃旗息鼓"，还是"迎头赶上"。

威廉、约克和李维相约去美国旧金山淘金，当他们到达目的地以后，却发现现实远没有想象中美好。在当地，比金子更多的是淘金者。面对这样的情况，三人都感到很失望，不知道该怎么办。

威廉满腹失望，但是内心却不甘心，他想：既然来到了旧金山，寻找金子才是正确选择。于是，他决定去淘金，几年过去了，他依然过着劳苦而贫困的生活。约克对淘金已经没有太大兴趣了，他暂时打消了自己淘金的念头，想在当地另谋生路，后来，他发现了废弃在沙土中的银，开始了自己冶银的事业，几年过去了，他成为了当地的富翁；李维与约克一样，他觉得淘金虽然有可能成功，但是，面对比金子还多的淘金者，他觉得做一个淘金的工人似乎并不是明智的选择。平静下来之后，李维想到了自己的手艺，他决定卖耐磨的帆布裤和牛仔裤，后来，李维创立了世界著名牛仔裤品牌 levi's。

"偃旗息鼓"，让约克和李维都获得了成功，只有威廉坚持不切实际的想法，最后只能成为一事无成的人。遭遇了挫折，最重要的是保持平和的情绪，冷静地思考什么样的选择才是正确的选择。我们应该有所选择，在成功的路上，有时候需要我们坚持到底，有时候则需要我们懂得改变，懂得"偃旗息鼓"同样重要，千万不能固执己见，否则，只会让你离成功的目标越来越远。在面对挫折和逆境时，我们需要足够的耐性，学会平复自己的情绪，冷静思考，是"偃旗息鼓"还是"迎头赶上"。因此，面对挫折，最重要的是保持积极乐观的情绪。

1832 年，亚伯拉罕·林肯失业了，这令他感到十分难过。于是，他下定决心要成为政治家，去竞选州议员。糟糕的是，他在竞选中失败了。这样，在短短的一年里，林肯遭受了两次打击，对他而言这无疑是痛苦的，还有一些无法排解的怨气。接着，林肯开始自己创业，他开办了一家企业，可是还不到一年，这家企业倒闭了。林肯觉得老天似乎总是与自己作对，这是考验还是宿命呢？林肯不知道，但是，在之后的时间里，他到处奔波，努力工作以偿还债务。不久之后，林肯又一次参加竞选州议员，这次他成功了，他认为自己的生活有了转机，心想："可能我已经成功了。"

然而，人生的逆境好像永远没有结束的那一天。1835年，亚伯拉罕·林肯与漂亮的未婚妻订婚了，但离结婚的日子还差几个月的时候，未婚妻却不幸去世。林肯心力交瘁，几个月卧床不起，没过多久，他就患上了精神衰弱症，他对任何事情都失去了信心。1838年，林肯觉得自己身体好了些，他决定竞选州议会议长，但是，在这次竞选中他又失败了，不过，那份再接再厉的精神一直鼓舞着林肯。1843年，林肯参与竞选国会议员，这次他所面临的依旧是失败。但是，林肯却一直没有放弃，而且心中没有任何怨气，他并没有说"要是失败会怎样"，而是怀着一份平常心来对待，他想：如果自己不在意失败，那么，事情或许将有好的转机。

1846年，林肯再次竞选国会议员，这次他终于当选了，但两年任期过去，林肯又一次落选。1854年，他竞选国会参议员，但是失败了。两年之后他谋取美国副总统提名，却被对手打败，又过了两年他再一次参加竞选，但还是失败了。无数次的失败，让林肯练就了平和的情绪，无论成功与失败，他的内心都变得十分坦然。或许，正是那份平和的情绪，铸就了他最终的成功，1860年，亚伯拉罕·林肯当选为美国总统。

孟子曰："天将降大任于斯人也，必先苦其心志，劳其筋骨，饿其体肤，空乏其身，行拂乱其所为，所以动心忍性，曾益其所不能。"面对每一次失败，林肯都能以平和的心态面对，而且敢于直面挫折，再次尝试。在这一过程中，似乎命运也在跟他暗暗较劲，最后，林肯终于改变了自己的命运。翻开历史，我们不难发现，林肯的一生就是挫折的一生，似乎失败总是伴随着他。

从他的身上我们学到，只要你善于调整自己的情绪，凡事平静面对，鼓起勇气，一次次尝试，总有一天，我们会获得成功。

第四节　别伤了"元气"，在低处才能更好地"休养生息"

俗话说："高处不胜寒。"对于许多人来说，在低处才能更好地"休养生息"。生活中，有的人见不得自己吃亏，一受到不公平的待遇，内心的怨气就一阵一阵往上冲，与别人争个你死我活，或者贪图一时口头之快，发泄内心的愤怒情绪。从某种程度上说，你还是站立在高处，却失去了"休养生息"的机会。而且，生气只会伤了我们的"元气"，影响我们的正常状态，有可能因为这一个方面的疏忽，我们就会错失成功的机会。在民间流传着这样一句话："好汉不吃眼前亏。"很多时候，好汉是需要骨气的，但是，在现实生活中，一旦遇到了人生的低谷、遭遇残酷的现实，即使心中立志如何高远，如果连最基本的生活保障都成问题，又怎么往高处走呢？生活需要忍耐，这并不是对命运的屈服，而是成功的一种铺垫和积累。当我们处于人生最低谷的时候，不要灰心，不要抱怨，就把它当做是"休养生息"吧，保存自己的实力，蓄积待发。

智者懂得这样一个道理：在人生的得意之时，欣赏高处的风景；在失意之时，在低处休养生息。因此，有时候，我们要学会弯腰，懂得吃眼前亏，不要伤了自己的元气，即使内心有许多无奈，但请勿抱怨，平心静气，修炼自己。凡事以平静心态面对，当你认为自己吃亏的时候，说不定这是一桩一本万利的生意呢。在失意之时不争执、不抱怨，在表面上看好像是一种损失，但从长远来看，却是一种智慧。"高处不胜寒"，只有在"低处"蓄积了足够的能量，我们才能迎难而上，获得成功。

2005年胡润富豪榜中，太平洋建设集团董事局主席严介和以125亿元的资产位列中国内地富豪榜第二位。即便是他今天如此的成功，但在他发迹之前，他也曾经历过人生的最低谷。

1992年，严介和租赁了一家濒临破产的建筑公司。当时，公司接到的第一个任务，是一个被承包商转包五次的建筑工程。严介和对那项工程进行了评估，如果自己接下了这项工程，至少得亏损5万元，这完全是一个没人愿意接的工程，所以才落入自己的手中，是接还是不接呢？他陷入了沉思：现在自己一点名气都没有，若是与对方理论，不仅丢了业务，还会得罪客户。更何况自己没有后台，也没有任何关系，而建筑业又是一个有着错综复杂关系的圈子，自己暂时只能得到这样的业务，不如将这笔业务做好，保存自己的实力，算是"不伤元气"又建立名气吧。

于是，再三思量后，严介和决定接下了这项工程。当工程完成之后，验收部门不相信这样的亏本工程会有好的质量。但检测结果令人瞠目结舌，所有指标个个皆优。同行表示不理解："你怎么做亏损生意呢？"他却笑着说："我这算是在'休养生息'阶段吧。"虽然这项工程他亏损了8万元，但良好的质量却为他赢来了一笔又一笔的业务。

印度的孟买佛学院是世界上最著名的佛学院之一，这个学院历史悠久，培养出了许多著名的学者。据说，孟买学院有一个特色是别的佛学院所没有的，那就是在大门的一侧又开了一个仅有1.5米高、0.4米宽的大门，所有的人都只能放低姿态，弯腰通过。一些初到学院的人感到十分不解，不过，后来他们都承认正是这个小小的特色让自己受益无穷。人生的旅途，有高峰，也有低谷，所有的人都想站在高峰欣赏风景，但是，若没有低谷，我们如何能够休养生息、保存实力，又如何能有站在高处的实力呢？如果你觉得现在的生活处境很糟糕，总是受人排挤，不要生气，不要怨天尤人，学会忍耐，休养生息，好好磨炼自己吧！

阿伟大学毕业后，为了锻炼自己的能力、积累社会经验，他选择了业务方面的工作。在公司，他所担任的职位是业务助理，就是协助业务经理开展工作。那个业务经理刚来不久，脾气却很大。而且，据阿伟观察，他的业务能力很差，几乎都是依靠下面的业务员拿业绩。另外，业务经理心胸狭隘，一点也不尊重人，总是一副盛气凌人的口吻与下属讲话。有时候，阿伟在工作中不小心出了错，经理也不会顾及到他的颜面，总是当众把他训斥一顿。

面对这样的经理，阿伟心里也很窝火，因为自己经常是被训斥的对象。但是，他并没有抱怨，反而始终陪着笑脸，因为他心里很清楚，摆在他面前的只有两个选择：要么和他大吵一架，然后走人；要么就是忍辱负重，休养生息，等待时机。聪明的他选择了后者。半年以后，公司高层发现了业务经理的问题。通过调查，公司认为他不适合做业务经理，就找了个理由把他辞退了。而阿伟，因为一直表现不错，被公司任命为业务经理。这下子，阿伟终于有了施展才华的舞台，业务很快开展了起来，并为公司创造了很大的经济效益，阿伟赢得了公司上上下下的认可。过了几年，阿伟被提拔为主管业务的副总经理，过上了有房有车的生活。每当谈起这一切的时候，阿伟就不无感慨地说："我能有今天，就是因为我当初懂得在低处休养生息，而没有意气用事啊！"

生活中，我们难免会遇到一些坎坷与挫折，遇到一些不尽如人意的事情，这个时候，千万不要任由心中的怨气乱窜，或者意气用事，要以一种忍耐的姿态来面对，平复激愤的情绪，以一份从容的心态去面对眼前的境遇，这才是审时度势、大智若愚的胸怀。处于最低谷，也不要灰心丧气，只要你没有丧失志向，只要你懂得休养生息，就一定有东山再起的机会。

第五节　困难面前不要气急败坏，
冷静方能转败为胜

　　智者说："在成功的路上，最大的问题其实并不是缺少机会，或是资历浅薄，成功的最大敌人是缺乏对自己情绪的控制。"弱者任思绪控制行为，强者让行为控制思绪。在困难面前，许多人容易心浮气躁，一旦进行了多次挑战都无法战胜困难，他们就会变得气急败坏。在他们心灵深处，有一种力量让他们感到茫然不安，让他们无法冷静地思考，这种力量就是愤怒、生气。生气不仅仅是成功最大的阻碍，还是各种心理疾病的根源，并不断地影响我们的日常生活和工作。一个人在愤怒的那一瞬间，很难理智处理事情，而且处理事情的能力明显下降，从而没有办法思考出解决问题的有效方法。在任何时候都需要冷静，尤其是在困难面前，冷静使人清醒，使人能够有条不紊、沉着地应对所发生的一切。所以，面对困难，不要气急败坏，只有冷静才能让我们转败为胜。

　　在法庭上，律师拿出了一封信向洛克菲勒问道："先生，你收到我寄给你的信了吗？你回信了吗？"洛克菲勒冷静地回答："收到了，没有回信。"这时，律师又拿出了二十几封信，逐一向洛克菲勒询问，而洛克菲勒都以同样冷静的表情、相同的语调给予了回答："收到了，没有回信。"终于，律师控制不住自己的情绪，他开始暴跳如雷并不断咒骂。最后的结果出乎人们的意料，法庭宣布洛克菲勒胜诉，因为律师因情绪失控而让自己乱了章法。从洛克菲勒的例子中，我们可以看出，冷静对于一个人事业成功的重要性。有人甚至这样总结法庭上的洛克菲：令你的对手发怒，失去冷静，那么，你就已经转败为胜了。当然，你自己也需要保持冷静的头脑。

一天,陆军部长斯坦顿来到总统办公室,气呼呼地对林肯总统说:"一位少将用侮辱的话指责你偏袒一些人。"林肯笑着建议:"你可以写一封内容尖刻的信回敬那个家伙,狠狠地骂他一顿。"斯坦顿立即写了一封措辞强烈的信,然后交给总统看,林肯高声叫好:"对了,对了,要的就是这个,好好训他一顿,写得真绝了,斯坦顿。"

但是,当斯坦顿把信叠好装进信封的时候,林肯却叫住他,问道:"你干什么?"斯坦顿有点摸不着头脑了,说道:"寄出去呀。"林肯大声说:"不要胡闹,这封信不能发,快把它扔到炉子里去。凡是生气时写的信,我都是这么处理的。这封信写得很好,写的时候你已经解了气了,现在已经冷静下来了吧,那么就请你把它烧掉,再写第二封信吧。"

有人说:"一个能控制住不良情绪的人,比一个能拿下一座城池的人还要强大。"情绪不仅仅是健康心灵的庇护神,还是我们取胜的关键,因为在关键时刻,我们更需要保持冷静,以平和的情绪来面对一切。面对强劲的对手,我们采用何种手段并不重要,重要的是控制好自己的情绪,保持冷静。一个人,若是能够控制好情绪,保持冷静,就可以化阻力为助力,化险为夷;相反,若是不能掌控好情绪,容易暴怒,就有可能陷入危险的境地。

有一个小男孩,他在10岁遭遇了一次车祸,失去了自己的左臂。这次巨大的不幸让男孩连生活自理都几乎成为了问题。但是,他却有一个小小的心愿,那就是学习柔道。几经辗转,男孩有幸拜在了一位日本柔道大师的门下,开始学习柔道。他格外珍惜这个学习的机会,每天勤学苦练。可是,令男孩感到不解的是,自己学了三个月了,师傅却只教了一招。一天,男孩终于忍不住问大师:"我是否应该再学学其他招数?"大师却摇摇头回答说:"不错,你只学会了一招,但是,你只需要学会这一招就足够了。"

几个月后,师傅带着小男孩去参加比赛,比赛开始之前,师傅嘱咐说:"冷静,一定要冷静!"就连小男孩自己都没有想到,只凭着那仅有的一个招数,小男孩轻松地进入了决赛。最后一场决赛马上开始了,对手比小男孩高大、强壮，似乎比小男孩更有经验。一看这架势，小男孩就心虚了。比赛一开始，小男孩就有点招架不住，这时，师傅那句话响了起来："冷静，一定要冷静!"小男孩长长地呼出一口气，慢慢等待时机。后来，对手逐渐放松了戒备，这时，小男孩立即使出了自己的绝招，制服了对手，赢得了冠军。

回家的路上，小男孩满腹疑虑："师傅，我为什么凭一招就能赢得冠军呢?"师傅缓缓回答道："有两个原因，第一，你基本掌握了柔道中最难的一招;第二，对付这一招唯一的办法就是抓住你的左臂，可是，你没有左臂。孩子，有的时候，人的劣势并不是什么坏事，凡事只要你冷静应对，便可以转败为胜。"

在挫折与困难面前，跌倒了，爬起来，这是一种勇气。但是，对于成功来说，勇气并不是最关键的因素，因为成功更需要的是比勇气更珍贵的那份冷静。失败了，我们所需要做的不仅仅是重新站起来，更关键是学会梳理自己的情绪，冷静地分析、总结失败的原因，这样我们才能避免摔更大的跟头。一个人在面对困难的时候，往往会心浮气躁，气急败坏，那么，这个人终会失去自我，错失成功的机会。在任何事情面前，我们都应该保持冷静的头脑，因为只有冷静，才有可能使我们转败为胜。

第六节　改变坏脾气，为自己加油

坏脾气，是日常生活中经常碰到的普遍心理现象之一。一个人的脾气有好有坏，有的人脾气坏，遇事冲动，容易生气或怄气，经常与人争吵，说出一些使人难堪的话，影响正常的人际交往。相反，脾气好的人，无论到哪里，都会受到人们的欢迎，大家都喜欢与他合作、共事。有人对此做过一项调查，绝大多数的青年男女在选择配偶时，都把脾气好作为条件之一。在一个家庭或小单位里,如果有一两个脾气不好的人,就会使这个家庭或集体不和谐。另外,坏脾气对我们的身体也有危害,试想,一个动不动就生气的人,他的身心会健康吗? 所以,克制自己的情绪,将坏脾气化成挑战力,为自己加油!

坏脾气的人看到别人总是感觉不顺眼。心理学家告诉我们:看别人不顺眼,是自己修养不够。控制自己的情绪,提高自己的修养,才是智者所为。坏脾气的人习惯于用嘴伤人,这实际上是最愚蠢的一种行为。对于任何事情,我们都不要任由坏脾气发作而轻易否定它。在现实生活中,许多人在生气或愤怒的时候,经常是脸红脖子粗,恨不得把自己心里所有的消极情绪都发泄出来;一遇到挫折的时候,就一蹶不振,自暴自弃,刻意贬低自己。这是坏脾气的人的一些日常表现。事实上,坏脾气带给我们生活的影响远不止这些。

从前,有一只坏脾气的乌龟住在水池里,有两只大雁经常来水池喝水,一来二去,坏脾气的乌龟和两只大雁成为了好朋友。

后来有一年干旱,水池里的水干涸了。乌龟没有办法生存,只好决定搬家。正巧,两只大雁又飞来了,三个好朋友闲谈了起来,乌龟得知两只大雁将要去南方生活。它心中一动,不如跟着大雁一起去南方生活吧。可是,自己不会飞,怎么办呢? 乌龟将自己内心的想法告诉了好朋友大雁,聪明的大雁找来了一根树枝,让乌龟咬着中间,两只大雁各执一端。飞行之前,两只大雁嘱咐乌龟:"千万不要说话,一说话就掉下去了。"说完,两只大雁就扇动翅膀向蓝天飞去了。

大雁飞过了翠绿的田野,飞过了蔚蓝的湖泊。地上的孩子看见了,觉得这个组合很有趣。有孩子拍手笑起来:"你们看呀,那只乌龟很滑稽啊。"乌龟本来还洋洋得意,听到孩子这样的嘲笑,心中大怒,想开口责骂那些调皮的孩子,可是,嘴刚一张开,它就掉了下去,碰到一颗大石头摔死了。两只大雁扇动着翅膀,叹气说:"坏脾气是多么不好呀。"

坏脾气的乌龟最终因为自己的坏脾气而丢了性命。在现实生活中,我们也常常因为坏脾气而伤了和气,破坏了彼此间的融洽关系。总而言之,坏脾气不仅令自己苦恼,还会给身边的人带来伤害。一个人的坏脾气,常常与娇生惯养、过分溺爱或得不到家庭的温暖、父母过于严厉有关。另外,人生道路的平坦或坎坷,对脾气也会产生重大影响。虽说一个人的脾气、性格有稳定性的一面,但并不是说其脾气、性格是固定不变的,所以,坏脾气是可以改变的。试着改变坏脾气,为自己加油吧!

有一个男孩,很任性,经常对别人发脾气。一天,他的父亲给了他一袋子钉子,并告知他:"你每次发脾气时,就钉一颗钉子在后院的围墙上。"第一天,这个男孩发了 37 次脾气,所以他钉下了 37 颗钉子。慢慢地,男孩发现节制自己的脾气比钉一颗钉子要容易些,所以,他每天发脾气的次数就一点点地减少了。

终于有一天,这个男孩能够控制自己的情绪,不再乱发脾气了。父亲告知他:"从现在起,每次你忍住不发脾气的时候,就拔出一颗钉子。"过了很多天,男孩终于将所有的钉子都拔了出来。父亲拉着他的手,来到后院的围墙前,说:"孩子,你做得很好,但是现在看看这布满小洞的围墙吧,它再也不可能恢复到以前的样子了,你赌气时说的伤害别人的话,也会像钉子一样在别人心里留下伤口,不管你事后说了多少对不起,那些伤痕都会永远存在。"

在生活中,每天可能都会发生一些不如意的事情,但是,这并不应该成为我们发脾气的借口。当自己想要发脾气的时候,我们应该做的第一件事是尽量让自己平静下来,以理智的心态去看问题,冷静思考到底出现了什么事情,而不是乱发脾气,任由坏脾气爆发。每一次发脾气说出的话语、做出的行为,都会对别人造成伤害,而且,这种伤害一旦造成,再想弥补都是困难的,不管是事后说了多少对不起,那些伤痕会永远存在,这就是不良情绪给我们身边人带来的最大伤害。所以,尽可能地克制住自己的激动情绪,不要随便发脾气，更不要冲朋友发脾气。学会换位思考，控制自己的情绪，改变自己的坏脾气，为自己加油呐喊！

第七节　磨难能够重塑更加完美的自己

　　台湾著名美学大师蒋勋曾写道："每个人完成自我，才是心灵的自由状态；每一个人按照自己想要的样子完成自己，那就是美，完全不必有相对性。天地之下可以无所不美，因为每个人都会发现自己存在的特殊性。大自然中，从来不会有一朵花去模仿另一朵花；每一朵花对自己存在的状态都非常有自信。"面对人生道路中的磨难，有的人选择了"枯萎"，因为他们认定自己注定是失败的；有的人却选择了完美地释放，因为他们坚信自己才是最美的。磨难，是我们不能避免的，它是客观存在的，既然它早已经存在，我们又何必去生气、去抱怨呢？它来了，我们就迎难而上，在磨难中提高自己，重塑更加完美的自己。然而，很多人在面对磨难的时候，心底会传出这样的声音："我战胜不了。"在消极情绪的主导下，磨难还没有开始，很多人就主动放弃了，也就错过了蜕变完美的最后机会。

　　丹麦著名神学家、哲学家齐克果说："一旦一个人自我设限，并且一直认定自己就是什么样的人时，他就是在否定自己，甚至不会挑战自我，只想任由自己一直如此下去，而这终将导致自我毁灭。"磨难是上天给我们的考验，它不是我们最终的归宿，它只是一座人生修炼的高等学府，你是否能从这里毕业，意味着你人生的成败，更何况，磨难带给你的，比它本身更有意义。人生，是一个不断完善的过程，就像小茧一点点褪去衣衫，蜕变为美丽的蝴蝶。经历了磨难，人将变得更加完美，同时，也更接近成功。面对磨难，不要自暴自弃，不要灰心丧气，不要生气，勇敢向前，你会发现，磨难将会成为你人生最珍贵的记忆。

1921 年夏天，年近 39 岁的富兰克林·罗斯福在海中游泳时突然双腿麻痹，经过诊断是患了脊髓灰质炎。这时，他已经是美国政府的参议员了，是政坛上的热门人物。面对疾病的打击，他有些心灰意冷，打算退隐回到家乡。刚开始的时候，他一点都不想动，每天只想坐在轮椅上，但是，他讨厌别人把他抬下抬下。于是，到了晚上，他就一个人偷偷地练习怎么上楼梯。经过一段时间的练习，一天，他得意地告诉家人："我发明了一种上楼梯的方法，表演给你们看。"说着，他先用手臂的力量把自己的身体支撑起来，慢慢挪到台阶上，然后再把双腿拖上去，就这样一个台阶一个台阶艰难地爬上了楼梯。母亲阻止儿子，说："你这样在地上拖来拖去，给别人看见了多难看。"富兰克林·罗斯福却断然地说："我必须面对自己的耻辱和磨难。"

历史向我们证明，磨难对于富兰克林·罗斯福来说，并没有成为其人生成功的阻碍，甚至，它在一定程度上帮助罗斯福成为了美国历史上最伟大的总统。因为磨难，罗斯福更加坚定了自己的人生追求，加快了前进的步伐，最后，他成功了。当磨难降临，有的人立即就产生了"败气"，他开始逃避，挑战还没有真正开始，他就被打倒了。每一次磨难，都是一次人生历练，强者容易变得坚强，弱者容易变得软弱，想做一个完美的强者，就要不断地完善自己，克制内心沮丧、愤怒的情绪，勇敢地前行。

格连·康宁罕是美国历史上前所未有的伟大长跑选手。在他 8 岁的时候，他的双腿在一场爆炸事故中严重受伤，双腿上几乎没有一块完整的肌肤。医生断言："你此生再也无法行走。"父母满脸悲伤，康宁罕却没有哭泣，而是大声宣誓："我一定要站起来！"在病床上躺了两个月之后，康宁罕便尝试着下床了。为了不让父母看见伤心，他总是背着父母，拄着父母为自己做的小拐杖在房间里慢慢挪动，钻心的疼痛让他一次次摔倒，跌得浑身是伤，但康宁罕并不在乎身体上的疼痛，反而咬着牙挣扎着站起来。他坚信自己一定可以重新站起来，重新走路，甚至奔跑。经过了几个月痛苦的练习，康宁罕的两条腿可以慢慢地屈伸了，他在心底为自己默默欢呼："我站起来了！我站起来了！"

在医院里，康宁罕想起了离家两英里的一个湖泊，他怀念那里的蓝天，怀念那里的小伙伴。他想再次走到湖泊，与小伙伴一起玩耍。因为这样一个美好的心愿，康宁罕更加坚强地锻炼着自己。两年之后，康宁罕凭借着自己的坚韧和毅力，走到了湖泊边。之后，他又开始练习跑步，把农场上的牛马作为自己追逐的对象，几年如一日，从来没有放弃过。最后，他的双腿奇迹般地强壮了起来，他不断地挑战自己，成为美国历史上著名的长跑运动员。

或许，康宁罕的身体是残缺的，但是，他的心灵却是异常完美的。即使遭受了多么大的磨难，他依然保持健康的心态，以乐观积极的心态面对。曾听说过这样一个故事：一位刚刚毕业的大学生在一次体检中被检查出是乙肝病毒携带者，因为这张诊断书，她的求职接连被几家公司拒绝。当得到这个消息时，她就想往墙上撞去，幸好护士及时拉住了她的衣服。尽管医生告诉她这没有任何危险，但是，在复查过程中，她情绪变得十分恶劣，动不动就发脾气，似乎自己求职失败是其他人的过错。磨难虽然来得无声无息，但是，它却在悄悄考验我们的毅力和坚韧，如果我们能够顽强抗争，逃离磨难的阴影，那么，我们将重新给心以幸福的方向，自己也将变得更加完美。

第八节　不幸也是一种朋友

拿破仑说："人与人之间只有很小的差异，但是这种很小的差异却可以造成巨大的差异。很小的差异即积极的心态还是消极的心态，巨大的差异就是成功和失败。"当生活的不幸降临的时候,你该怎么对待呢? 有的人觉得这好像是天塌下来了,什么都完了,他除了抱怨还是抱怨,总是向他人倾诉:"我的命怎么这么苦啊!"结果,越想越苦,慢慢地,他也被不幸吞噬了。有的人则不然,他把生活的不幸当做自己的朋友,甚至,当成自己人生的财富。他不断努力,提高自己,摆脱了不幸的遭遇。前者是拥有消极心态的人,在不幸遭遇面前,他只会生气、抱怨;后者是拥有积极心态的人,他总是将生活的不幸当朋友一样看待。对此,智者这样告诉我们:当生活的不幸来临时,积极的心态是一个人战胜艰难困苦、走向成功的助推器,试着和不幸做朋友吧!

美国"牛仔大王"李维斯的西部发展史充满了坎坷,但是,最后他却成为西部的"牛仔大王"。有人好奇地问他:"你是如何面对生活中的不幸的呢?"李维斯微笑着回答说:"我有一个制胜法宝,每当我遭受不幸,我总是十分兴奋地对自己说:太棒了! 这样的事竟然发生在我的身上,又给了我一次成长的机会。"在李维斯看来,不幸是朋友,更是自己成长的机会,或许,正是这些不幸的经历,李维斯才获得了最后的成功。

有这样一个故事:老王和老李都是陶瓷艺人,他们住在比较偏僻的乡下。在乡下,他们听说城里人喜欢用陶罐,于是便决定将自己烧制好的陶罐弄到城里去卖,说不定能挣大钱。但是,城里人比较挑剔,必须烧制出最好的陶罐,才能卖得出去。经过几年的反复试验,老王和老李终于烧制出了他们认为最好的陶罐,他们幻想着整个城市的人都要用上自己的陶罐了,而自己也可以过上比现在富裕十倍的生活。一想到这里,他们就兴奋不已。

为了将所有的陶罐都运到城里,他们雇了一艘轮船。可是,没想到,他们在半路遇到了强烈的风暴。狂风暴雨中,轮船摇摇晃晃,那些陶罐东倒西歪,破碎声不断。等风暴过去,轮船靠岸了,船里的陶罐全部变成了碎片,老王和老李的富翁梦也随着陶罐一起破碎了。老李坐在边上生闷气,老王好心提议："先去旅馆住一晚吧，来一趟城里也不容易，不如我们休息一晚，明天再到城里四处走走，长长见识。"老李正痛苦得捶胸顿足，听了老王的话，他气不打一处来："你还有心思去城里四处走走，难道你就不心疼我们辛辛苦苦烧出来的那些陶罐吗？"老王心平气和地说："我们已经失去了那些陶罐，本来就已经够不幸了，如果我们还因此而不快乐，那岂不是更不幸？把那些不幸都当成自己的朋友吧！"老李觉得老王的话很有道理，不再生气了，跟随着老王朝城里走去。

第二天，老王和老李在城里四处瞎逛，令他们感到意外的是，城里人用来装饰墙面的东西很像他们烧制陶罐的材料。两个人索性将那些陶罐碎片全部砸碎，做成马赛克出售给城里的建筑工地。结果，老王和老李不但没有亏本，反而因为出售马赛克大赚了一笔。数着手中的钞票，老王笑着说："你看，不幸真的成为了咱们的朋友。"老李笑着点点头，两人决定回到乡下，做出更多的马赛克。

面对生活的不幸，垂头丧气并没有任何作用，而且也于事无补。我们所要做的，是调整自己的情绪，除了坦然面对，还需要改变我们的心态，凡事都往好处想。不幸之中往往蕴涵着新的希望，只要我们能抓住这种希望，并且把它当做前进的动力，我们就能够在不幸中重新站起来。纵观那些卓有成就的历史人物，他们无一不是从不幸的遭遇中顽强奋斗并作出成就的。在他们身上，有一个显著的特点：以乐观的心态面对不幸，将不幸当成自己的朋友。对于每一个人来说，生活和事业都不可能一帆风顺，都会遇到各种困难和不幸，但是，只要我们将不幸当成朋友，永远怀有事情还有转机的乐观心态，我们就一定能赢得成功。

一个小女孩趴在窗台上，看到隔壁邻居正在埋葬他心爱的小狗，不禁泪流满面，悲恸不已。旁边的祖父看见了，将小女孩引到了另一个窗口，让她欣赏自家的后花园：花园里百花盛开，姹紫嫣红，令人心旷神怡。小女孩的心情顿时开朗了起来，祖父托起小女孩的下巴，说道："孩子，你开错了窗户。"有时候，或许，我们就像那个小女孩一样，开错了心灵的窗户，才深感不幸的悲伤。如果我们能将不幸当成朋友，克制内心的"败气"，以积极乐观的心态看问题，我们会发现，好像自己并没有想象中的不幸，事情并没有那么糟。

第四章

换个视角换个心情，发现平息怒气的"甘泉"

在炎热的沙漠，两个饥渴疲惫的旅人拿出水壶摇了摇，一个旅人说："哎呀，太糟糕了，我们只剩下半壶水了。"另一个旅人却高兴地说："真幸运，我们还有半壶水！"在现实生活中，那些不如意、令人生气的事情就好像那半壶水一样，它本身是没有任何变化的，但是，如果我们能够换个视角换个心情来看待问题，我们会发现，事情并没有想象中的糟糕。学会换个视角看问题，我们会找到怒气的源头，从而发现平息怒火的"甘泉"。

第一节 "隔岸观火"认识"生气", 知道"救火"的重要

有一位智者,他脾气十分温和,几乎从来不生气。弟子好奇地问他:"师傅,难道你就不会生气吗?"智者微微一笑:"生气是什么呢? 事情发生了以后,我都会告诫自己,事情可以比现在更糟糕的,看来,我还算幸运的,所以,有什么值得生气的呢? 如果有人犯了错误,本身错误在他自己,我何必要生气呢? 每天,生活的快乐,我都来不及感受,哪有什么时间来生气呢?"

智者清楚地认识了"生气",从而也知道了救火的重要性。在现实生活中,我们常常为一些琐碎的小事而生气,这时候,我们成为了当事人、局中人,整个人被愤怒的情绪所困扰,若是事态变得严重,怒火则会"火上浇油",甚至,难以控制事态的恶化。可能我们都有过"隔岸观火"的经历,当同样的事情发生在家人或朋友身上的时候,我们会清楚地意识到:当事人是没有必要生气的。可是,事情到了自己头上,为什么就看不清楚呢? 所以,我们需要理性地看待问题,重新梳理自己的逻辑,给自己一个申辩的空间,从而完成自己的逻辑推演过程。面对任何事情,我们都不要随意发火、生气,因为常常是生气容易,"救火"却难上加难,尤其是因生气所造成的后果,更是我们难以控制的。试想,一场大火,若不及时扑灭,会怎么样呢?

有这样一个故事:一天,七里禅师正在蒲团上打坐,突然,一个强盗闯出来,拿着一把明亮的刀子对着他的脊背,说:"把柜里的钱全部拿出来! 否则,就要你的老命!"七里禅师似乎并不害怕,他缓缓说道:"钱在抽屉里,柜里没钱,你自己拿去,但要留点,因为米已经吃光,不留点,明天我要挨饿呢!"那个强盗拿走了所有的钱,临出门的时候,七里禅师说:"收到人家的东

西,应该说声谢谢啊!"强盗转过身,说:"谢谢。"霎时间,他心里十分慌乱,几乎从来没有遇到这样的事情,这使他愣了一下,又想起不该把全部的钱拿走,于是,他掏出一把钱放回抽屉。

没过多久,这个强盗被官府捉住。根据他所提供的供词,差役把他押到七里禅师那里。差役问道:"几天之前,这个强盗来这里抢过钱吗?"七里禅师微微一笑,说道:"他没有抢我的钱,是我给他的,临走时也说声谢谢了,就这样。"强盗被七里禅师感动了,只见他咬紧嘴唇,泪流满面,一声不响地跟着差役走了。

这个人在服刑期满之后,便立刻去叩见七里禅师,求禅师收他为弟子,七里禅师没有半点怒气,只是摇摇头,不答应。这个人长跪三日,七里禅师终于收下了他。

生活中,总是有这样或那样不如意的事情,挑动起我们心中的怒火。但是,生气的时候,是否意识到自己是在被情绪牵着鼻子走呢? 当怒火开始蔓延的时候,我们应该做的第一件事就是尽量让自己冷静和放松下来,冷静地思考现在到底是什么样的情况,而不是顺其自然地让"怒火"蔓延开来,被情绪牵着走。

阿文是一位脾气暴躁、情绪容易激动的女孩子,由于她的脾气太坏,交往多年的男朋友也离开了她,朋友们都为她感到惋惜,而阿文自己也似乎意识到了坏脾气的坏处。有一天,阿文走进了心理咨询室,向心理医生求教:"如何才能改掉我的坏脾气呢?"

心理医生没有说话,想了想,拿出了两个透明的玻璃瓶,然后分别装上了同样多的清水,随后,他又拿出了一些大小均匀的玻璃球,有白色的,有蓝色的。心理医生对阿文说:"当你生气的时候,就把一颗蓝色的玻璃球放到左边的玻璃瓶中;当你克制住脾气的时候,就把一颗白色的玻璃球放进右边的玻璃瓶里。从现在开始,你应该学会理性控制自己的情绪。"

阿文照着心理医生的建议去做,过了一段时间,阿文带着两个玻璃瓶来

到了心理咨询室。心理医生将玻璃瓶中的玻璃球捞了起来，阿文发现，那个放蓝色玻璃球的水变成了蓝色。心理医生说："你看，原来的清水因为'坏脾气'的投入，也被污染了，相同的道理，你的言行举止也会影响他人，就像这个玻璃球一样，所以一定要控制自己的言行。"阿文点点头，脸上露出了温和的笑容。

当阿文再一次走进心理咨询室的时候，那瓶装着白色玻璃球的瓶子已经溢出了水。心理医生欣慰地笑了。就这样，慢慢地，阿文的坏脾气消失了，生活开始走入了正轨。最近，她打电话给心理医生，电话里，阿文抑制不住内心的激动告诉医生："我新交了一个男朋友，他很优秀。"生活对于阿文来说，似乎变得越来越美好了。

法国作家普鲁斯特说："愤怒不能同公道和平共处，正如鹰不能同鸽子和平共处一样。"心理医生教给阿文的这个方法，其秘诀在于：把自己当做思想的旁观者。阿文所做的每一件事情，并没有涉及到如何去控制自己的怒火，而是意识到"怒火"带来的危害性。在这种思想的慢慢渗透下，阿文逐渐改掉了自己的坏脾气，认识到了"救火"的重要性。慢慢地，阿文学会把自己当做一个思想的旁观者，她开始深刻地认识"生气"，领悟到在生活中许多事情根本不值得生气，或根本没有必要去生气，这样一来，阿文的生活步入了正轨，生活也变得越来越美好了。

第二节　易被激怒的人，是因为他脆弱

古罗马哲学家、悲剧作家赛涅卡说："愤怒犹如坠物，将破碎于它所坠落之处。"容易被激怒是人的性格中的一种弱点，而能够受它摆布的往往是那些生活中的弱者，也就是那些内心脆弱的人，比如，儿童、妇女、老人、病人

等。事实上，在现实生活中我们也常常看到类似的场面：小孩子因为一点点事情没有顺着他的心，就会坐在地上或者直接躺在地上发脾气；女人因为家中的琐碎小事大吵大闹，闹得不可开交；老人发怒的时候，用颤抖的手指着儿子说"你这个不孝子！"；那些身患重病或者被告知患了绝症的人，会在医院里处处与医生护士作对，只要稍不如意，就摔东西，大喊大叫。诸如此类的场面还有很多，纵观这些场景，我们会发现一个有趣的共同点，那就是，似乎那些脾气不好、容易生气的人都是内心脆弱的人，他们不能接受生活中的任何不如意。

卡尔多瓦所说："人应当有一张用粗绳索编织的荣誉保护网。"那些内心脆弱的人，似乎更需要一张保护自己的网，怒火成为他们最常用的一张"网"，或许，他们觉得，只要自己生气了，就可以占据主动的一方，可以给那些瞧不起自己的人以厉害的一击。所以，怒火常常出现在他们最脆弱的时候，由于内心脆弱，他们会努力在愤怒的同时给对方以蔑视，因为他们不想表现得畏惧，不想泄露内心的脆弱，同时，也是为了避免自己受伤害。因此，要防止那些内心脆弱的人发怒、生气，我们可以借鉴这样两个方法：一是，在谈一件令他愤怒的事情之前，我们要选择恰当的时机，给对方留下良好的印象；二是，设法消除对方因受轻视而感到侮辱的心结。此外，因人而异，或许我们还能找出其他的原因，尽可能顾及到对方脆弱的心理。

你是不是一个容易生气的人呢？我们可以做一个小测验，看看是否自己内心也有着看不见的脆弱呢？

下面几种自然界的水，你会比较喜欢哪一种呢？

A.惊涛骇浪般拍打着岸边的水

B.一望无际、平静辽阔的水

C.从高处骤然落下的瀑布的水

D.急流险滩、强劲奔腾的水

结果分析：

A：你是一个心里有话就藏不住的人，性格单纯，容易被激怒，容易冲动。在家人和朋友眼中，你是一个喜欢发脾气的人，不仅发泄愤怒的情绪，有时候还会"动武"。不过，坏脾气来得快，去得也快，熟悉你的朋友会知道如何与你相处，但是，陌生的朋友有可能对你退避三舍。

B：修养较好，包容力强，平时不怎么会发脾气，遇到许多不公平的待遇，通常会一笑了之，似乎对方的怒火反而会满足自己本身的优越感。虽然不会轻易地生气，但是遇到自己不喜欢的人，还是会渐渐疏远他，不过，对方会很少感觉到你的敌意。

C：不随便生气，可一旦生气就会天翻地覆，常常让人感到莫名其妙。在平时生活里，你习惯将那些不满的情绪压抑在内心，很少向人说起，也没有合适的途径发泄出去。这样一来，情绪积压久了，性格就变得十分暴躁，一遇到不如意的事情，怒火就有可能被引燃，甚至爆发得莫名其妙，歇斯底里。

D：性格阴沉，不随便生气，但是，并不代表脾气相当好，在大多数的时候是遇到了不如意的事情隐忍不发，却暗自记在心中。对生气也是计划很久，故意让对方犯错，再把对方抓住，细数对方的罪状，对方百口莫辩，令人感到不寒而栗。

这样看来，似乎有三种人容易被激怒：第一，是那些内心十分敏感的人，他们的神经太敏感，一点点小事就可以刺激到他们。脆弱敏感的人容易被激怒，即使有的事情在别人看来是微不足道的，却总能引起他们心中的怒火；第二，是那些自认为被轻视的人，他们的内心也是相当的脆弱，对他们来说，别人的轻视会令自己怒火中烧，所造成的后果与伤害一样，甚至有过之而无不及，因此，轻蔑会激怒他们心中的怒火；第三，是自认为名誉受到损害的人，内心脆弱的人，他们所担心害怕的就是自己名誉受到损害。

罗宾逊是一个农民的儿子，妈妈在他很小的时候就离开了人世，村里的玩伴经常取笑他："你是一个没有妈妈的孩子。"他又受不了来自别人的怜悯,感觉那是赤裸裸地取笑,当有人好心地说道"这个孩子真可怜",罗宾逊就会生气地说:"不稀罕你的可怜。"说完,还满眼仇恨地盯着对方。

有一次,罗宾逊看到一只蜜蜂在花丛中飞来飞去,就想把它抓住再揪掉它的翅膀。可是罗宾逊没想到不仅没有抓到蜜蜂,还被蜜蜂蛰了一下。蜜蜂飞进了蜂巢,罗宾逊被疼痛激怒了,心想:就连一只小小的蜜蜂都来欺负我,我要让你知道我的厉害。罗宾逊发誓一定要报仇,于是,他找来了一根棍子,朝蜂巢捅了几下,顿时,一群蜜蜂飞了出来,向他扑去,蛰得他浑身上下都是伤痕。

内心脆弱的罗宾逊心中时刻有一团怒火,他见不得别人的怜悯,也不喜欢他人的挑衅。甚至,哪怕是一只小小的蜜蜂蛰了自己,他也会怒气冲冲地想要报复,然而,在怒火的蔓延下,罗宾逊自己却吃了不少苦头。他的故事告诉我们:一个人在愤怒时要小心抑制内心的怒火,以免给自己带来一些不必要的麻烦,不应该恶语伤人,尤其是针对具体的人和事的时候。另外,在愤怒时千万不要揭人的伤疤,这样会更让人不可容忍。总之,无论自己在情绪上如何生气,在行动上千万不要做出太偏激的事情来。当然,最有效的克制怒火的办法,是不断充实自己的内心,让自己不再脆弱,这样,我们就不会经常被怒火包围了。

第三节　心静如水,才能禁得起怒火的挑逗

在酷热炎暑之时,白居易拜访得道高僧恒寂大师,却见禅师安静地坐在密闭如蒸笼的禅房内,并不像其他人那样汗如雨下。对此,白居易很受震动,作诗曰:"人人避暑走如狂,独有禅师不出房;非是禅房无热到,为人心静

身即凉。"禅师的心境已经平静如水，无论面对酷暑，还是不如意的事情，他都安静地坐着，似乎任何怒火都感染不到他，这才是真正虚怀若谷的境界。一位结婚的女士这样说道："我脾气很坏，容易生气，有时候会因为老公的一点脸色而心生郁闷，总是想弄出点响动，但是，闹过了吵过了，最终却把自己搞得伤痕累累，伤了自己，同时，也伤了别人。"

一位老妇人在50周年金婚纪念日那天，向来宾道出了保持婚姻幸福的秘诀。她说："从我结婚那天起，我就列出丈夫的10条缺点，为了我们婚姻的幸福，我向自己承诺，每当他犯了这10条错误中的任何一条的时候，我都不会生气。"有人好奇地问："那10条缺点到底是什么呢？"老妇人回答说："老实告诉你们吧，这50年来，我始终没有把这10条缺点具体地列出来。每当丈夫做错了事情，气得我直跳脚的时候，我马上提醒自己：算他运气好，他犯的是我可以原谅的那10条错误当中的一个。如此，我的心境渐渐有了变化，不再容易生气了，也渐渐感觉到更多生活的快乐。"

阿隐是一位刚刚进入寺庙修行的和尚，他希望自己能在修行中做到真正的无欲无怒。寺庙中有一位大师，听说他不管面对他人的什么评价，都只是淡淡地问一句："就是这样吗？"阿隐希望自己能够成为那样的人，所以，他就随着那位大师修行。

有一次，师傅吩咐阿隐下山化缘，阿隐觉得自己修行已经有些时日了，就想趁这个机会考验考验自己。在化缘的途中，阿隐看到几个蒙面大汉正在调戏一位女子，他心中的怒火顿时腾地起来，上前一看，那位女子已经吓得晕过去了。阿隐奉劝那些大汉离开，没想到那些人根本不听劝，反而怒骂："臭和尚，看来你也六根未净啊，也想来占这女子的便宜？"阿隐的怒火彻底爆发了，他使出了自己所学的本领，将那几个大汉打得哇哇叫，一会儿，他们就逃走了。不过，阿隐自己身上也挂了彩。这时，那个女子已经苏醒过来，看到阿隐，当即给他一个耳光，怒骂道："没想到一个出家人，还干出这样的事情来。"说完，想到自己的处境，女子不禁哭了起来。阿隐感到心中十分委屈,怨气顿生,他气得跺了两脚,就走开了。

回到寺庙后,阿隐向师傅讲述了自己的经历,大师只是淡淡地说:"哦,就是这样吗?"阿隐有点生气,似乎师傅对这些事情一点也不关心。这时,大师笑了,说道:"如果你能做到我这样,就能够经得起任何怒火的刺激了,不是冷漠,而是看透了一切,所以,心静如水,无论发生什么,我的情绪都处于平静状态。"阿隐若有所悟地点点头,看来,自己的修行还是不够啊,还没有做到真正的"无怒"。

古人曰:"无故加之而不怒,猝然临之而不惊。"在生活中,无论我们遭遇了怎么样的指责和非难,我们都应该像寺院里的那位大师一样,时刻保持内心的平静,才能经得住怒火的挑逗,事情才会显露出它本来的面目。而且,随着时间,怒火也平息了,好似从来不曾发生过什么一样。生活中经常会发生这样或那样的误会,有时候只是小事一桩,何必一定要让波涛汹涌打破平静的水面呢?

从前,有位老禅师,一天晚上,禅师在院子里散步,突然看见墙角边上有一张椅子,他一看就知道有位出家人违反寺规越墙出去玩了。老禅师没有声张,而是走到墙边,移开了椅子,就地而蹲。不一会儿,果真有一个小和尚翻墙,黑暗中踩着老禅师的脊背跳进了院子里。小和尚双脚着地的时候,才发觉刚才自己踏的不是椅子,而是师傅的脊背。顿时,小和尚惊慌失措,不知该如何辩解。但是,出乎意料之外,老禅师并没有生气,也没有严厉责备他,而是平静地说:"夜深天凉,快去多穿一件衣服。"小和尚战战兢兢地走了,后来,他再也没有违反寺规越墙出去玩了,在老禅师的细心指教下,他也成为了一位得道高僧。

在老禅师无声的教育中,小和尚没有被错误惩罚,而是被教育了。由此可见,老禅师所悟的是禅,但修的却是"心"啊!面对他人有意或无意之间所造成的错误,如果我们心中充满了怒气,甚至希望别人能遭遇不幸或惩罚,其实,我们已经失去了平日那种轻松的心境和快乐的情绪。学会修炼自己的内心,努力做到心静如水,即使向里面投进了一颗大石头,也不会激起半点波纹,因为心的内涵是不见底的,我们所能做的就是努力克制自己的情绪,做情绪的主人。

第四节　何必用他人的错在自己的心里点一把火

德国哲学家康德说:"发怒,是用别人的错误来惩罚自己。"在现实生活中,喜欢生气的人不在少数,可是,当有人问道:"你为什么生气?"他们却支支吾吾,答不上来,似乎已经忘记了生气的初衷是什么。有人对此做过一项调查,那些经常生气的人,他们从来不重视生气的理由,如果详细地询问他们,他们会给出一些不是理由的理由,诸如"我就是看他不顺眼""凭什么,他就表现得那么嚣张,我气不过"等。在理由的阐述过程中,他们所提到最多的都是"他",其实自己的利益根本没有受到任何的损失,生气只是因为"他的错误"。其实,仔细思考,你会发现,自己生气是用别人的错误来惩罚自己。那么,何必要用他人的错误,在自己心中点一把火呢?

"生气是对自己的惩罚。"有人对此不理解,生气所发泄的对象都是别人,怎么自己还会成为惩罚对象呢? 其实不然。你若理解生气对一个人健康的危害性,你就会明白,什么叫作惩罚了。美国心理学家埃尔马进行了一个简单的实验:把一只玻璃管插在盛有水的容器里,然后让实验者把气吐到水里,以此收集人们在不同情绪状态下的"气"水。通过实验结果发现:一个心平气和的人吐出来的气进入水中,水澄清透明,一点杂色都没有;一个有点生气的人吐出的气进入水中后,水会变成乳白色,而且,水底还有沉淀;一个怒发冲冠的人吐出的气进入水中,水会变成紫色,水底有沉淀。埃尔马将那紫色的"气"水抽出部分注射在小白鼠身上,没想到只过了几分钟,小白鼠就死了。对此,他得出了这样一个结论:一个人在生气时,体内会分泌出许多带有毒素的物质。生气对身体有害无益,何必用别人的错误惩罚自己呢。

有一天,佛陀在竹林休息的时候,一个婆罗门闯了进来。由于同族的人都出家到佛陀这边来,这位婆罗门对此感到很生气,因此见到了佛陀,婆罗门就开始破口大骂。佛陀并没有说话,等到他将心中怒气发泄完以后,佛陀才说:"婆罗门啊,在你家偶尔也会有访客吧!"婆罗门感到很奇怪:"当然有,你何必这样问?"佛陀笑了,说道:"婆罗门啊,那个时候,你也会偶尔款待客人吧。"婆罗门点点头:"那是当然了。"佛陀继续说道:"婆罗门啊,假如那个时候,访客不接受你的款待,那么,这些菜肴应该归于谁呢?"婆罗门想也不想,就回答说:"要是他不吃的话,那些菜肴只好再归于我!"

佛陀看着他,又说道:"婆罗门啊,你今天在我的面前说了这么多坏话,但是,我并不接受它,所以,你的无理责骂,那是归于你的!婆罗门,如果我被谩骂,再以恶语相向的时候,就犹如主客一起用餐一样,因此,我不接受这个菜肴。"然后,佛陀说了这样几句话:"对愤怒的人,以愤怒还牙,是一件不应该的事情。对愤怒的人,若是不以愤怒还牙,将可以得到两个胜利;知道他人的愤怒,却能保持镇静的人,不但能战胜自己,也能战胜他人。"婆罗门接受了这番教诲,并出家于佛陀门下,后来,他成为了阿罗汉。

佛陀告诉我们:"在不顺利的境况下,能够做到不生气、不发怒,这本身就是一种生活智慧。"最近朋友群中流行着这样一句短信:我生什么气!我生气是拿你的错误来惩罚我自己。与其耗费多余的精力去生气,不如好好打理自己的心情。央视主持人朱军曾说:"得意时淡然,失意时坦然。"心由境造,我们所面对的是一个多变的世界。可能,我们改变不了环境,但是,我们却可以改变自己;可能,我们改变不了事实,但是,我们可以改变态度。正所谓"大肚能容天下难容之事,笑天下可笑之人",如果你知晓了这个道理,那还有什么气可生呢?

这天,因为同事在工作上对自己十分无礼,娜娜感到非常生气。而且,由于自己刚刚到这家公司上班,还没有找到可以畅谈内心感受的女同事。于是,她将气愤的情绪带回了家中。回到家里,娜娜一个人坐在沙发上生闷气,不做饭,越想越生气,甚至,内心有一种冲动:干脆辞职吧,这样的同事,以后怎么一起共事?

　　正在这时,电话铃声响了,原来是自己的闺中密友雯雯。电话里,雯雯邀请娜娜周末一起逛街,娜娜没好气地回应一声:"哦。"雯雯似乎从语气中听出了不快,关心地问道:"出了什么事情? 今天工作顺利不?"这话可问到了关键点上,于是,娜娜一股脑儿把心中的苦闷说了出来。没想到,电话那边却传来了一阵笑声,娜娜有些生气:"我正生气呢,你还这样嘲笑我。"雯雯笑着说:"娜娜,你没有听说过吗,最近很流行这样一句话,生气是拿别人的错误来惩罚自己。既然错在你同事,你生什么气呢? 看你在家气得不吃饭,不说话,不开心,说不定你的同事这会还很开心呢,别想那些事情了,都是小事一桩,不值得生气。"听了雯雯的分析,娜娜明白了,自己真的陷入了不良情绪之中,生什么气呢,该干什么就干什么去吧。

　　的确,当自己生气的时候,不妨冷静下来细想,自己生气是为他人,还是自己呢? 如果错误并不在自己,何必要在自己心中点一把火呢? 有时候,令自己生气的人已经走远了,还在为他生气,值得吗? 那些令自己生气的事情已经过去很久了,还在为它生气,这又是何必呢? 更多的时候,我们都是拿别人的错误来惩罚自己,而在惩罚自己的同时,也达不到纠正别人错误的目的。所以,与其拿别人的错误来惩罚自己,倒不如以德服人,让对方主动认识到自己的错误。

第五节　宽容是一剂解药，放过了他人还解脱了自己

有人说："宽容是从荆棘丛中长出来的一抹最高雅的淡红，你对别人宽容一点，其实就是给自己留下来一片海阔天空。"宽容是一种高雅的修养，更是一种崇高的境界。宽容他人的错误，对于每一个人来说，似乎并不太容易，但其实这也不太困难，主要是看我们心灵如何来选择。面对他人的错误，如果我们选择了生气，甚至是仇恨，那么，有可能我们之后的生活将在愤怒中度过，这是因为在我们内心始终得不到解脱，内心会变得压抑而沉闷，生活对于我们而言，每天都充满了痛苦。相反，如果我们选择了宽容，控制住了内心的愤怒，那么，既宽待了他人，同时，我们的心灵也得到了解脱。

据说，在美国的一个市场里，有位中国妇女的生意特别好，这引起了其他小摊贩的嫉妒。于是，大家总是有意或无意地将自家门口的垃圾扫到中国妇女的店门口。令大家都没有想到的是，中国妇女并不生气，只是宽容地笑笑，然后就将那些垃圾清扫起来。旁边那位卖菜的妇人感到很不解，忍不住问道："大家都把垃圾扫到你这里来，你为什么不生气？"中国妇女笑着回答说："我为什么要生气呢？生气又能解决什么问题？我们国家有句话叫'宽以待人，严于律己'。既然生气解决不了问题我又何必生气呢？生气反而气坏了身体，倒不如把垃圾收拾一下，你说呢？"渐渐地，大家都被中国妇女宽容待人的胸怀所打动，中国妇女的生意也越来越好了。

傍晚，在一家快餐厅里，有两个客人：一个老人、一个年轻人。可能因为店里客人不多，餐厅里的照明灯没有完全打开，整个大厅显得有些昏暗。年轻人手捧一碗炸酱面，坐在靠门口的位置，与老人相邻。不过，年轻人的注

意力并不在炸酱面上,他的眼睛一直盯着老人放在桌边的手机。当老人再次侧身点烟的时候,年轻人快速地拿起手机,装进自己的上衣口袋,然后就准备离开餐厅。

这时,老人正好转过身来,发现自己的手机不见了。他身体微微颤抖了一下,很快就平静了下来。他看了看四周,这时候,年轻人已经伸手拉开门。老人看见了,似乎明白了什么,他马上站起来,走向门口的年轻人,说道:"小伙子,你等一下!"年轻人一愣,问道:"怎么了?"老人恳切地说道:"是这样的,昨天是我70岁的生日,我女儿送了我一部手机,虽然我不是很喜欢它,但那毕竟是我女儿的一片孝心。刚才我把它放在了桌子上,现在它不见了,我想可能是我不小心碰到了地面上。我眼花得厉害,弯腰到地上找对于我来说不是一件容易的事情,能不能麻烦你帮我找找?"年轻人本来吓了一跳,听完老人的话,反而放松了紧张的神情,他擦了擦额头上的汗水,对老人说:"哦,您别着急,我来帮您找找看。"年轻人弯下腰去,沿着桌子转了一圈,又转了一圈,然后把手机递了过来:"老人家,您看,是不是这个?"老人紧紧握住年轻人的手,激动地说:"谢谢!真是不错的小伙子,你可以走了。"

这时,一位餐厅服务员走过去,对老人说:"您本来已经确定手机就是他偷的,为什么不报警呢?"老人回答说:"虽然报警同样能够找回手机,但是我在找回手机的同时,也将失去一种比手机更宝贵的东西,那就是——宽容。"

美国心理学家克里斯托弗·皮特森说:"宽恕与快乐紧紧相连,宽恕是所有美德之中的'王后',也是最难拥有的。"案例中,老人的话意味深长,其实,宽容待人就是宽容待己。一个人的心里如果总是充满着愤怒,那么,他是没有办法去宽容他人的错误的。在任何时候,我们都要记住这样一句话:宽容待人实际上就是宽容待己。

在一次激烈的战斗过后,两名战士发现,他们与大部队失去了联系。有缘的是,这两人来自同一个小镇,而且,还是一对好朋友。他们在森林中艰难跋涉,互相安慰,可是,十多天过去了,他们仍然没有与部队联系上。有一天，他们打死了一只鹿，他们靠着鹿肉艰难地度过了几天。在之后的几天里，他们再也没看到任何动物，只剩下一点鹿肉。他们继续前行。

这一天，两名战士在森林中与敌人相遇，两人巧妙地避开了敌人。就在他们脱离了危险的时候，枪声却响了。走在前面的那个年轻战士中了一枪，幸运的是伤在了肩膀上，没有生命危险。后面的那位士兵惶恐不安地跑过来，他害怕得语无伦次，抱着年轻战友的身体泪流不止，赶快撕下自己的衬衣将战友的伤口包扎好。那天晚上，没有受伤的战士一直念叨着母亲的名字，他们都认为自己熬不过这一关了。尽管他们十分饥饿，但谁也没有动那仅存的鹿肉。幸运的是，第二天部队找到了他们。

这是一个发生在二战时期的故事。故事虽然讲完了，但是，事情还没有结束。30年过去了，那位曾受伤的战士坦言："我知道是谁开的那一枪，他就是我的战友。当他抱住我时，我感觉到他的枪管是热的，令我感到疑惑的是，他为什么对我开枪？但是，当天晚上我就原谅了他，我知道他想独吞那点鹿肉，我知道他想为了母亲而活下来。于是，我假装根本不知道这件事，也从来不提起这件事。战争还没有结束，他的母亲就去世了，我们一起祭奠了她。在那一天，战友跪下来，请求我原谅他，我没有让他继续说下去。我们继续做了几十年的朋友，我宽恕了他。"

第六节　犯错者需要指点，而不是怒骂与责罚

美国诺贝尔经济学家萨谬尔森说："人们在交往中应该多一些体谅而非责难。"对于一个犯错者来说，他所需要的是指点与原谅，而不是怒骂与责罚。当你试着去原谅一个犯错的人，你会惊讶地发现：原谅和教导更能让一个人醒悟与进步。在现实生活中，面对他人的过错，大多数的人总是习惯于

愤怒地指责对方,甚至采用一些看起来很残忍的方式对其进行责罚。因为,这样一来,他们才感觉到内心的不满得以发泄,而对方又受到了真正的惩罚。但是,真的是这样吗?怒骂与责罚只会让对方感到更受伤,在他心里,第一感觉并不是意识到自己错了,而是感觉到自己的自尊受到了严重伤害。似乎,责罚者并没有达到预期的目的,反而因为怒骂与责罚而为自己树立了一个敌人。而原谅与教导就不一样了,原谅与教导能使一个人更清楚地看到自己的错误,同时,他还会对你心存感激。所以,我们要学会认清一个规律:面对他人的错误,教导比怒骂和责罚更管用。

佛说:"当你战胜了嗔恨的心魔,生命因此更自主、更自在、更自由。"懂得原谅别人的人才是真正的强者、智者。那些怒骂、责罚他人的人,并不是真正的强者、智者,他人的错误需要我们的指点,而我们内心的心魔则需要我们自省,能够克制内心情绪所带来的不良言行的人,才是真正的强者。印度民族解放运动领袖甘地曾要求自己不要怒骂任何人,他这样说道:"我知道这很难做到,所以,用最谦恭的态度尽量达成这项自我的要求。"一个人的心如同一个固定容量的容器,当关爱越来越多的时候,愤怒、仇恨就会被排挤出去。试着放弃心中的愤怒,努力克制嗔恨的心魔,原谅他人,给予他人以宽容的教育,不要总是怒骂、责罚,要学会谅解。

一次,发明大王爱迪生和他的助手辛辛苦苦工作了一天一夜,终于做出了一个新型电灯泡。他们非常珍惜这个成果,就叫一个年轻的学徒把这个灯泡拿到楼上的实验室好好保存。这名学徒知道这是个重要的东西,心里非常紧张,结果在上楼的时候一下子摔倒了,把电灯泡摔得粉碎。爱迪生感到非常惋惜,但他没有责罚这名学徒。过了几天,爱迪生和他的助手又制作出了一个电灯泡,做完后,爱迪生想也没想,仍然叫来那名学徒,让他送到楼上。这一次,什么事也没有发生,这个学徒安安稳稳地把灯泡拿到了楼上。事后,爱迪生的助手埋怨他说:"原谅他就够了,你何必再把灯泡交给他呢,万一又摔在地上怎么办?"爱迪生回答:"我这是在教导他,原谅不是光靠嘴巴说说的,而是要靠做的。"

试想,如果我们处于爱迪生当时的处境,恐怕早已经火冒三丈,开始怒骂那位学徒,甚至会选择开除对方作为惩罚。有的人习惯于指责他人的错误,尤其是当自己的利益遭受一定损失的时候,他的情绪会一下子失控,愤怒占据了他的内心,而那些指责和怒骂会随之脱口而出。其实,我们不妨仔细想一想,怒骂与责罚他人并不会消减我们内心的不愉快,那种恶劣的情绪反而有加剧之势,同时,还增加了一个情绪不满者,就是那个被自己怒骂、责罚的人。所以,在任何时候,与其责骂、指责,不如原谅他人,给对方以指导。

王先生在中午有个特别的习惯,就是外出散步,或许是认为自己走得不远,因此,即使他一个人在家里,王先生也不会锁门。这天中午,王先生像往常一样外出散步回来,突然,他听到了卧室传来轻微的响声。乐观的王先生摇了摇头,家里怎么会有别人呢? 这时,小提琴的声音响起来了,而且,声音越来越大。王先生脑中冒出个念头,难道是有小偷? 他慢慢走进了卧室,果然看见一个衣衫褴褛的少年正在抚摸自己珍藏的小提琴。那小提琴就好似自己的珍宝一般,一向性格温和的王先生沉下脸,他觉得这个少年一定是小偷,于是,王先生站在门口,用身体挡住了孩子的去处。这时,王先生看见少年眼里满是胆怯和绝望,那种眼神十分熟悉,王先生不禁想起来了自己的童年。于是,他决定宽恕这个孩子。

王先生笑着说:"你也是来找王先生的吗? 我猜你一定是他的学生吧,你小提琴拉得不错哦。"少年愣了一下,警惕地问道:"那你是谁?"王先生回答说:"我? 我是王先生的朋友,本来打算邀请王先生一起散步,没想到他已经走了,真是扫兴啊!"说完,王先生把目光移到了小提琴上,好奇地问道:"这是你的小提琴吧,真漂亮! 王先生曾经也有一把,跟你的差不多。听说他赠送给了一个学生,希望那个学生跟你一样,是一个聪明好学的孩子。"少年迟疑了一会,点点头,说道:"既然王先生不在家,那我先告辞了。"说完,少年小心翼翼地将小提琴拿走了。

　　三年过去了，在一次音乐大赛中，王先生被邀请担任决赛评委，一位名叫科奇的男孩夺得了第一名。王先生觉得自己好像在哪里见过他，但一时又想不起来。比赛完，科奇拿着一把小提琴来到了王先生面前，他涨红了脸，说道："王先生，您还认识我吗？"王先生还是没想起来，科奇眼里似乎有泪，他说："您曾送我一把小提琴，我一直珍藏着，也时刻记得您的教诲，所以才有了今天！三年前，我无意闯进了您家里，被您发现了，可是，您并没有责怪我，反而说您是王先生的好朋友……"科奇打开了琴匣，王先生一眼就认出了自己的那把心爱的小提琴，他笑了，因为这位少年并没有让自己失望。

　　王先生的宽容让少年重新拾起了自尊，而且改变了一个迷途少年的命运。如果时间倒流，王先生选择以怒骂、责罚等方式来对待少年，那么，世界上可能就少了一位优秀的小提琴家了。三年过去了，科奇对王先生的宽容依旧难以忘怀，因为那份宽容带来的震撼教育让少年对王先生充满了感激之情，科奇的命运也因此改变。

第七节　将对焦视角放在更远处，
别只看眼前的事与人

　　宽容是一种智慧，更是一种博大的胸怀。一个懂得宽容的人，他一定是一个有着长远眼光的人，因为他并不只是看到了眼前的人和事，而是将视角放在更远处，这本身就是一种智慧。愤怒与生气都只是暂时的，并不会对未来的生活造成多大的影响。可能，那些被愤怒所吞噬的人并没有思考过这个问题，他们眼前关心的只是：我现在很生气，我需要发泄内心的不快，其他什么事情我都不会管。可是，有人仔细想过这些问题吗，如何处理那些受生气情绪伤害的人们？毕竟，生气是一种情绪发泄，它的表现形式有可能是怒

骂、责罚，甚至，有可能是武力，而这所有的方式都是对人不对己，受伤害最大的并不是我们，而是我们身边的人。虽然愤怒的情绪需要发泄，生气也并不是多么严重的事情，但是，难道别人就应该受到无缘无故的伤害吗？那些有了裂痕的人际关系如何维系？这些都是我们不可忽视的问题。所以，每一个正在生气或打算生气的人，都应该将自己的视角放在更长远的地方，而不只是看到眼前的人和事。

在民间，流传着一个关于"六尺巷"故事：

清朝时期，宰相张廷玉与叶侍郎都是安徽桐城人，两家是邻居，由于都要建房造屋，两家为地皮而发生了争执。张老妇人修书北京，希望张宰相出面交涉，谁知，张廷玉看见了来信，立即作诗劝导老夫人："千里家书只为墙，再让三尺又何妨？万里长城今犹在，不见当年秦始皇。"张老夫人看见了书信，立即主动把墙退后三尺，叶侍郎家看见了，也马上把墙退后了三尺。这样，张叶两家的院墙之间形成了六尺宽的巷道，成了有名的"六尺巷"。

俗话说："宰相肚里能撑船。"在"六尺巷"的故事里，张宰相的肚量似乎比叶侍郎更大，而且，他的眼光也看得更长远。张宰相在诗中说道"千里家书只为墙，再让三尺又何妨？万里长城今犹在，不见当年秦始皇"，此意在暗示家人，去占这一点小便宜能有什么用呢？千里送来的家书只是为了争一堵墙，这完全是没有必要的，不如主动放弃，反而会赢得好的名誉。果不其然，当张家主动把墙退后三尺的时候，叶侍郎一家看见了，也马上把墙退后了三尺，"六尺巷"得以形成，而张宰相与叶侍郎两家的退让之道也流传开来。人们在听到这个故事的时候，都会发出感叹："真是宰相肚里能撑船啊。"

有一天，迈克尔在路上走着，他边走边把竹条缠绕在自己的身上玩，谁料，一不小心，迈克尔的竹条一端就脱了手。当时，迈克尔站在木桥边，正对着大门，一位农民的儿子在那里放了一罐水，准备挑回家。不巧的是，迈克尔的竹条反弹回来把水罐打翻了，不过，装水的罐子并没有破碎。发现自己闯祸了,迈克尔急忙赔礼道歉,可是,农民的儿子却跑过来就开骂,一点也不理会迈克尔的解释。令迈克尔没想的是,他竟然一把抓住了自己的竹条,并残忍地将那只竹条折扭了。

这竹条可是父亲送给自己的,如今却扭成了这个样子,迈克尔十分生气,回家的路上,他不停地咕哝:"我一定要报复他,我要他从心底感到后悔。"正在花园里散步的父亲听见了,好奇地问:"你让谁从心底里后悔呀?"迈克尔向父亲说了事情的经过,父亲笑着说:"他的确是一个坏孩子,但是,他已经受到了惩罚,他没有朋友,也没有娱乐,这就是对他的惩罚。"迈克尔却执意说:"那竹条可是你送给我的礼物,那么漂亮的竹条,我只是无意打翻了他的罐子,我一定要报复他。"父亲抚摸着迈克尔的头,温和地说:"迈克尔,我知道你是一个好孩子,做任何事情都应该思考清楚,我向你承诺,我可以再送你更漂亮的竹条,但是,如果你执意要报复,并且认为那才是对他最好的惩罚,这只是你现在的想法,以后你肯定会后悔的,你自己才会从心底里后悔。"迈克尔陷入了沉思,他暂时放弃了报复的念头。

几天过去了,迈克尔似乎忘记了那天的事情,那天,他又遇到了那位农民的儿子。这一次,他正挑着一担重重的木柴朝家里走去,结果,却不小心摔倒在地,爬也爬不起来。迈克尔看见了,急忙跑过去帮忙捡起了木柴,这时,那位农民的儿子感到很愧疚,为之前的行为感到后悔,甚至,在迈克尔离去的时候,他还小声说了一句:"那天,对不起!"而迈克尔则高高兴兴回家了,他想,或许,这才是最好的报复,我不会后悔的,如果不是当初父亲提醒我,可能我现在正在忏悔呢。

其实,当我们试着去宽容别人的时候,受益最大的却是我们自己。宽容所体现的是一个人的大度与涵养,同时,它是一种积极的生活态度和高尚的道德观念的表现。如果在他人犯错或者事情出现了问题的时候,我们能以宽容待之,定能给大家留下好的印象,为建立和谐的人际关系奠定基础,更为关键的是,我们不仅赢得了他人的好感,而且,还能获得一份愉快的心情。

生气，它所破坏的并不是一个人的心情，有可能是一大群人的心情，因此，不要轻易生气，尤其是不要因为生气而做出一些后悔的举动，试着将眼光看得长远一些，这样既赢得了美誉，又为自己赢得了一份好心情。面对他人的无礼举动，克制内心的愤怒，不要去寻找一时的快感，不要只贪图口头之快，否则，我们的余生将在悔恨中度过。

第八节　不要总高仰着头，低下头也许会发现一脉清泉

俗话说："金无足赤，人无完人。"每个人都难免会犯点小错误，而且，每个人都存在这样的心理，希望自己的错误能获得他人的原谅。可是，对于一些人来说，原谅他人的错误似乎很难，他们习惯于站在所谓正确方的高处，怒火正旺的他们不想要这样轻易地原谅他人，总是揪着对方的错误不放。这样的人缺乏一定的心胸，自然，在他们内心就难以容下"宽容"二字，可是，"高处不胜寒"，心中怒气无法消减，同时，又难以原谅对方，顺势爬上了高处，却难以下台。老子曰："古之善为士者，微妙玄通，深不可识……敦兮其若朴，旷兮其若谷。"对此，智者告诉我们：不要总是高仰着头，学会低头，学会原谅他人，这时，你也许会发现一脉清泉。

天才作家卡里·纪伯伦在《贪心的紫罗兰》中讲了一个故事：玫瑰花听到邻居紫罗兰的哀叹，便笑了笑摇头说："在百花群里，你最糊涂，你身在福中不知福，大自然赋予你其他花草都不具备的芳香、文雅和美貌，你要知道虚怀若谷的人，永远不会感到贫困和饥荒，且心胸开阔、人品高尚。"若是一个人本身位高权重，反而不懂得原谅他人，那么，他又怎么会体会到人生的快乐和幸福呢？想必，大家都熟悉唐太宗与魏征的故事，魏征是一个敢于直

谏的忠臣,他敢说大家不敢说或不愿说的话,他不害怕得罪人。然而,直谏也有一个缺点,那就是顾及不到当事人的颜面,尤其是对于有着九五之尊的帝王来说,这是一个大忌,但是,唐太宗并没有生气,而是善于低头,正是这一低头,让他发现了魏征这面人生的镜子。

有一次,魏征在上朝的时候,跟唐太宗争得面红耳赤,唐太宗实在听不下去了,想要发作,可是,又怕自己在大臣面前丢了自己接受意见的好名声,只好勉强忍住。退朝以后,唐太宗憋了一肚子气回到内宫,见了长孙皇后,气冲冲地说:"总有一天,我要杀死这个乡巴佬!"长孙皇后好奇地问:"不知道陛下想杀哪一个?"唐太宗说:"还不是那个魏征!他总是当着大家的面侮辱我,叫我实在忍受不了!"长孙皇后听了,一声不吭,她回到了自己的内室,换了一套朝见的礼服,向唐太宗下拜,唐太宗惊奇地问道:"你这是干什么?"长孙皇后说:"我听说英明的天子才有正直的大臣,现在魏征这样正直,说明陛下的英明,我怎么能不向陛下祝贺呢!"唐太宗好像意识到了什么,再也不发脾气了。

公元643年,直言敢谏的魏征因病而去世,唐太宗很难过,他流着眼泪说:"一个人用铜作镜子,可以照见衣帽是不是穿戴端正;用历史作镜子,可以看到国家兴亡的原因;用人作镜子,可以发现自己的不足,魏征死了,我就少了一面好镜子了。"

富兰克林说:"不谦虚的话只能有这个辩解,即缺少谦虚就是缺少见识。"面对魏征的直谏,唐太宗懂得低头,魏征当着大臣与自己争论,即使自己心中有气,但是,他更懂得忍耐,懂得宽容,是他那份虚怀若谷,让他在历史上拥有着不可替代的地位。伽利略曾说:"当我历数了人类在艺术上和文学上所发明的许多神妙的创造,然后再回顾一下我的知识,我觉得自己简直是浅陋之极。"生活中,我们不能太固执,凡事需要多听听别人的意见,无论对方是以何种方式来表达意见,我们都需要学会接纳,学会谅解。在对方的善意提醒下,我们要放下所谓的"高位",虚心听取他人的意见,不生气,容纳建议,这样我们才能达到更高的境界。

春秋战国时期,有一次,楚庄王宴请群臣,君臣开怀畅饮,一直饮到日落西山,夜幕降临。这时,楚庄王吩咐下人点上灯烛继续喝。忽然,外面刮起了一阵大风,把宫中的灯烛全部吹灭了。这时,一个喝得半醉的将军趁机拉住了一位妃子的衣服,妃子大吃一惊,慌乱之下,摸着对方的头盔,折断了将军头盔上的帽缨。妃子悄悄告诉楚庄王:"大王,有人趁黑想侮辱我,我已经折断了他的帽缨,拿在手上,一会儿点灯后,看谁的头上没有帽缨,问他的罪!"豁达的楚庄王却满脸平静,语气中丝毫没有生气:"且慢!我今天请大家喝酒,使所有的人喝醉了,酒后失礼不能责怪,我不能为了显示你的贞节而伤害我的大臣。"说完,楚庄王大声对群臣说:"今天痛饮,不拔掉帽缨不算尽欢,大家都把头盔上的帽缨拔掉吧!"当时,参加酒宴的就有一百人多人有帽缨,大王一声令下,大家全部拔掉了头盔上的帽缨,然后,楚庄王才吩咐宫女点上灯烛,君臣继续畅怀痛饮。

三年以后,楚晋大战,楚庄王率领着大军奋勇杀敌。在战争中,有一位将军总是奋不顾身冲在最前面,他最先冲进敌阵,击溃了晋军。对此,楚庄王将那位将军召到面前,对他说:"平日我并没有特殊优待你,你为什么这么舍生忘死地战斗呢?"那位将军回答说:"三年前的酒宴上,那个被折断帽缨的人就是我啊,承蒙大王不杀不辱,我甘愿肝脑涂地,以报大王的恩德。"

哲人说:"容言知过,有容己之量,才能自我完善。"楚庄王虽然站立在国君的高位,但是,他却以博大的胸襟宽容了将军,同时,他也宽容了自己。宽容是立身之本,能够积福;小"气"是败家之根,容易招灾。多一份宽容就多一份感恩、少一份伤害;少一份宽容就少一份真情、多一份仇怨。人生需要宽容,需要抑制内心愤怒的情绪,因为充满宽容的人生才是美丽的人生。

第五章

莫要自生自气，拔出心底的杂草

希腊哲学家艾皮克蒂特斯说："计算一下你有多少天不曾生气。在从前，我每天生气：有时每隔一天生气一次；后来每隔三四天生气一次；如果一连三十天没有生气，就应该向上帝献祭表示感谢。"有效地减少自己生气的次数，实际上是一种心灵修养。很多时候，我们不要自生自气，要学会拔出心底伤害自己的杂草，抑制怒火，有效控制消极情绪，争做情绪的主人。

第一节　肯定并欣赏自己，千万不要自己找气生

生气的理由有很多，其中，有一个理由却是常见的，那就是：许多人之所以生气是因为自己有某些缺点。这样的理由听起来似乎有点令人啼笑皆非，为自己的缺点而生气？如果一个人太自卑，看自己哪里都是缺点，那么，他内心的愤怒恐怕是源源不断，发泄不完的，每天的生活除了生气还是生气。子曰："不患人之不知己，患不知人也。"对于一个人来说，最值得担心的事情就是自己不够了解自己，更为可悲的是，他们还不懂得欣赏和肯定自己，因为有时候那些莫名其妙的怒火其实是源于内心的自卑。他们习惯对自己挑剔，总是觉得这里不满意，那里也不如意。诸如，身高不够高，身材不够性感，脸蛋不够漂亮，家庭条件不够好等，这一切都可以成为他们生气的理由。对此，心理专家建议我们：不要自生自气，要学会肯定并欣赏自己。

有一个衣衫不整、蓬头垢面的女孩，她长得很美，不过，总是表现得满脸怨气。有人跟她聊天，她也显得心不在焉，聊天的人都沉默了。有一天，一位心理学家突然告诉她："孩子，你难道不知道你是一个非常漂亮、非常好的姑娘吗？""您说什么？"姑娘有些不相信地看着对方，美丽的大眼睛里有泪，但更多的是惊喜。原来，在生活中，她每天所面对的都是同学的嘲笑、母亲的责骂，在这样的过程中，她已经失去了自信，而自卑则成为了她怨气的根源。事实上，每个人都不是完美的，可能在我们的身上有一些可爱的缺陷，但是，无论是缺点还是优点，那都是我们自己。我们首先就应该接受并欣赏自己，即使在某一方面做不到绝对的完美，那又有什么关系呢？根本没有必要把它当做一个生气的理由，否则，除了生气，我们已经没有别的时间和精力来做其他的事情。

　　林黛玉刚刚进荣国府的时候，贾母对她就有一句评语："心较比干多一窍。"后来，林黛玉看到史湘云挂了金麒麟，宝玉最近也得到了一个金麒麟，林黛玉便开始生气："便恐就此生隙，同史湘云也做出那些风流佳事来。"于是，林黛玉便去偷听，结果却听到了宝玉厌烦史湘云劝他留心仕途经济的话。宝玉说："林妹妹不说这样的混账话，若说这话，我也和他生分了。"黛玉听到这样的话，心中想："不觉又惊又喜，又悲又叹。所喜者，果然眼力不错，素日认他是个知己。所惊者，他在人前一片私心称扬于我，其亲热厚密，竟不避嫌疑。所叹者，你既为我之知己，自然我亦可为你之知己，既你我为知己，则何必有金玉之论哉；既有金玉之说，亦该你我有之，则又何必来一宝钗哉！所悲者，父母早逝，虽有刻骨铭心之言，无人为我主张。况近日每觉神思恍惚，病已渐成，医者更云气弱血亏，恐致劳怯之症，你我虽为知己，但恐自不能久持；你纵为我知己，奈我薄命何！"

　　有一次看戏，大家都看出那个演小旦的有点像林黛玉，只是都不肯说，史湘云却是快人快语，一下子就说了出来。林黛玉感觉到自己受辱了，马上就生气了。怕黛玉生气，宝玉使眼色给史湘云，本来宝玉是一片好意，黛玉却是更加生气。

　　后来，黛玉说起宝琴来，想到自己没有姊妹，不免心中怨气丛生，又哭了，宝玉忙劝道："你又自寻烦恼了，你瞧瞧，今年比去年越发瘦了，你还不保养，每天好好的，你必是自寻烦恼，哭一会，才算完了这一天的事。"黛玉拭泪道："近来我只觉得心酸，眼泪却好像比旧年少了些的，心里只管酸痛，眼泪却不多。"宝玉说道："这是你平时哭惯了心里疑的，岂有眼泪会少的！"

　　林黛玉自己也明白，自己的病皆是因性情所起，但是，她却没有为之做出改变，真是令人叹息。虽然，林黛玉各方面条件都不差，但是，父母都已经不在人世，自己又寄人篱下，心中未免有点自卑，这成为了其怨气的根源。在林黛玉身上所体现出来的特点是：既才华出众，却又多疑多惧。很多时候，她不懂得欣赏自己，自然就没有办法快乐起来，怨气越来越重，最终成为了一种病。2007年5月，林黛玉的扮演者陈晓旭因患乳腺癌去世，中医有这样一种说法：乳腺癌是因为气郁于胸。或许，是陈晓旭扮演林黛玉入戏太深，或许是天性使然，她的性格竟与林黛玉十分相似，因而，最终也落得个香消玉殒的结局。

索菲亚·罗兰刚刚进入演艺圈，制片商给予了善意的"建议"："如果你真的想干这一行，就得把鼻子和臀部'动一动'。"但是，自信并欣赏自己的索菲亚却拒绝了这样的建议，她说："我懂得我的外形和那些已经成名的女演员不一样，她们都相貌出众，五官端正，而我却不是这样，我的脸毛病很多，但这些毛病加在一起反而会更加有魅力。说实在的，我的脸确实与众不同，但是，我为什么要和别人一样呢？"索菲亚的自我欣赏与肯定并没有令大家失望，后来，她被誉为了世界上最具自然美的人。无论自己有着多么独特的缺点，都不要嫌弃它，我们需要以一种欣赏的眼光来看待，因为这个世界不缺少大众化的美，而缺少独特的美丽，每一个人都应该相信自己拥有一份与众不同的美丽，请学会欣赏与肯定自己吧，不要总是在自己身上找气。

第二节　百气自生，清理自己生气的导火索

俗话说："百气自生。"气是什么？它是一种情绪反映，一个人内心的"怨气"往往来自于自己。有位朋友常常不解地诉说自己的困惑："昨天晚上又和他生气了，本来只是一件小事，但是，后来就演变成大吵大闹，直到睡觉前，我眼中还有泪。可是，今天早上一起床，我就感到很迷惑，怎么昨晚就吵起来了呢？我根本没有想过要生气啊，怎么就生气了呢？"在很多时候，对愤怒情绪的发泄已经让我们忘记了生气的真正导火索是什么，好像我们在生

气时根本没有想过这个问题。直到生气完毕之后，我们才意识到，当初是为什么生气呢？所以，我们需要了解"百气自生"的坏处，学会清理自己生气的导火索，这样才会帮助我们抑制内心的怒火。

其实，在大多数情况下，我们事后会说："当时生气真的是因为一件小事，我也想不起来为什么生气。"事实上，那所谓的"一件小事"不过是导火索，在这之前，我们心中可能已经郁积了一些"气"。在这样的情况下，一旦遭遇了导火索，怒气便一下子被点着了。一位常常生气的人开始回忆自己生气的过程："早上，他上班去了，我一个人在家，时而想想过去他的事情，想想横亘在我们之间那些悬而未决的事情，越想越生气，忍不住就发一条挑衅的短信给他，他通常都是不回，保持沉默。可是，他越是沉默，我就越是生气，我那时候就开始想象晚上和他争论的场景。只要他一回来，我的每一句话，每一个动作就包含着浓重的火药味。对此，他常常告诉我，是我自己整天胡思乱想惹自己生气，后来，我仔细回想了，的确，似乎那些'怨气'就是从我心中滋生的，等到我发觉的时候，我本身已经在生气了。"想必这样一个生气的过程会给我们自己的情况带来一些启示吧，每个人生气的具体情况不一样，但是，他们那种"气由心生"的过程却是惊人地相似。如果你从现在开始探秘自己生气的导火索，你会惊讶地发现，那些所谓的怒火，其实纯粹是"自燃"。

心理学家有这样一个秘诀，当一件对自己具有副作用的事情来临时，你可以思考一些问题，以此帮助自己找到生气的导火索，消灭心中的怒火。也就是说，在你生气之前，需要先问自己下面12个问题：

（1）我有改变的余地吗？

（2）我的付出与我所能获得的收益成比例吗？

（3）我的放弃和能容忍的损失具体是什么？

（4）如果损失的可以折算成金钱的利益，我真的会需要这些钱财吗？

（5）如果损失的是增加得分的名声，我真的需要这些名声吗？这些增加的名声最终能解决我的什么问题？

（6）如果损失的是减少得分的名声，有多少人关注这件事，自己不计较是否就意味着天下本来就没人在意？

（7）即使事关气节，若干年后公论还能不能回来？

（8）更多的时候，我们的情绪是否来自最亲近的人和最琐碎的事？

（9）除了向最能接受自己的人发泄，我们还有什么能耐？

（10）除了这些最不值得关注的琐事，难道我们没有更有意义的事情去关注、思考和努力吗？

（11）长城还在，秦始皇在哪里？

（12）苏格拉底死了，他大概在笑话我们这些活着的却莫名其妙忧郁的人吧？

一个胸中怀有宏大志向的人，是不应该过于被琐事纠缠的，在这个世界上，本来就没有多少事情值得我们去计较。在现实生活中，绝大多数的事情都是"不过如此"，有什么值得生气的呢？从内心来讲，每个人都不愿意忧郁、烦恼、生气，更不愿意愤怒。既然，谁都不愿意生气，到底是什么事情在困扰着我们呢？如果我们内心真正想清楚了，想放下心中的怨气，其实并不困难，因为生气是没有必要的。当你找到了自己生气的导火索，你会发现，那真的不是什么大事，本来是可以解决的，生气只不过是一种发泄，并不会帮助我们解决问题。我们所需要做的是将用在生气的时间和精力，更好地运用到如何解决问题上。

为了更有效地找到自己生气的导火线，同时，帮助自己消灭心中的怒火，对此，心理学家提出了"情绪温度计"的说法。在日常生活中，我们需要养成记录自己情绪的习惯，每天，我们需要分几个时段来记录，而且，需要写下生气的理由，这样可以帮助自己察觉并检测自己的情绪。如果说"生气"是自己生活中的常客，我们可以找出自己的"情绪温度计"，与心中的怒气来一场"心灵对比"，从而彻底地消灭怒气。

如何使用"情绪温度计"呢？首先，我们把"情绪温度计"的刻度设定在0~10分，把每天分成7个时段，比如，早上起床太晚，路上又遇到塞车，还没有进入办公室就和某同事吵架，那么，这一天，你只能给自己打2分；在了解了自己一天中情绪的起伏变化后，开始通过情绪记录去寻找原因，写上一段话总结。为什么今天打了7分？原来，今天收到了朋友的鲜花，心情感觉非常愉悦，以至于同事嘲讽了一句，自己也不生气。这样，情绪记录的时间长了，自然就培养出来了细微的观察力，就算是心中有很细微的不良情绪，我们也会察觉得到。这样一来，我们就能顺利找到生气的导火索，从而破解心中的怒火。

第三节　别用放大镜看自己的错误

俗话说："金无足赤，人无完人。"在这个世界上没有完美的东西，任何事物都有它的长处和短处。每个人总有失误的时候，谁也不敢保证自己就是永远的成功者；每个人总是有这样或那样的缺陷，谁也不能保证自己是最完美的。一个人总有犯错误的时候，许多人忍受不了自己的错误，习惯于用放大镜来看待自己的错误，从而陷入深深地自责中，不能自拔，甚至不能原谅自己。事实上，每个人都会犯错，犯个错误没什么了不起，不要用放大镜来看待自己的错误，自己生自己的气。既然，错误已经存在了，我们所需要的是如何来弥补错误，以免再犯类似的错误。一些爱生气的人往往是完美主义者，他们不能够容忍自己的错误，从而导致内心的烦恼和不满情绪滋生。其实，这根本是没有必要的。不要为自己标榜上"成功者"的印记，我们首先要承认自己不过是一个普通人，既然避免不了错误，就要尝试着接受那个犯错的自己，学会原谅自己，不要纠结在自责中，平复内心的情绪，懂得知错就改，这样，我们才能成为尽善尽美的人。

人与人之间为什么会有永远的伤害呢？其实，这大部分都是因为一些彼此无法释怀的坚持所造成的。如果我们能从自身做起，宽容地对待自己，原谅自己无意或有意犯下的错误，相信一定会收到意想不到的结果。当我们开启一扇窗户的时候，我们会看到更完整的天空。一个人需要宽容，因为宽容是一种美德，一种素质，而我们首先要宽容的就是自己，这样我们才能有更宽广的胸怀去宽容别人。如果连自己都宽容不了，我们又怎么能原谅别人的错误呢？有人说，能够宽容自己的人，他们更容易拥有融洽的人际关系。卡内基是美国著名的成功学家，他曾这样写道："通过对全球120名成功人士的调查发现，他们都有一个共同的特点，就是能够建立融洽的人际关系，而正是因为他们有一颗宽容的心，所以，人际关系才会那么好。"而且，那些但凡已经取得瞩目成就的人，他们的成功之路并不会一帆风顺，总是波折不断。或许，他们也曾经犯过不少错误，但是，他们懂得原谅自己，能以更加完美的姿态去迎接挑战，最后，他们才赢得了成功。试想，如果他们总是纠结在自己曾经的错误中，那么，他们怎能在郁郁中取得成功。

有一天，一个身材高大魁梧的人走在库法的市场上，他的脸被晒得黝黑，而且，还遗留着战场上的痕迹。市场里坐着一个无聊的商人，他看到那个高大的人走过来便想逗逗他，以显示自己的搞笑本领。于是，商人将垃圾扔向那个过路人，但是，那个高大的过路人并没有因此而生气，而是继续迈着稳健的步伐朝前走去。

当那个人走远了以后，旁边的人对那无聊的商人问道："你知道刚才你侮辱的人是谁吗？"商人笑着回答："每天有成千上万的人从这里经过，我哪有心思去认识他呀？难道你认识这人？"旁边的人立即惊呼："你连这人都不认识！刚才走过去的就是著名的军队首领——马力克·艾施图尔·纳哈尔。"商人涨红了脸，似乎不太相信："是真的吗？他是马力克·艾施图尔·纳哈尔！就是那个不但让敌人听到他的声音就四肢发抖，连狮子见到他都会胆战心惊的马力克吗？"旁边的人再次肯定地回答："对,正是他。"商人惊恐地说："哎呀！我真该死,我竟做了这样的傻事,他肯定会下令严厉地惩罚我。"

想到关于马力克·艾施图尔·纳哈尔的传言,商人吓得心惊胆战,深深自责自己刚才的错误。他马上关了店门,整个人蜷缩在被子里,等着马力克的惩罚。可是,一天过去了,马力克没有来；一周过去了,马力克还是没有来。虽然,马力克并没有出现,但是,商人内心的恐惧却越来越重,他不能原谅自己的过错。邻居们都来劝慰："马力克将军是多么有修养的人,怎么会跟你计较呢？"商人还是摇摇头,整个人看上去既憔悴又疲惫。

商人已经陷入了自责的心绪中,即使马力克表示已经原谅了他,他自己还是走不出那个心结,难逃自责的痛苦。心理学家表示：那些无法原谅自己错误的人,其实是对自己有着苛求的人。而商人之所以无法原谅自己,是源于内心的害怕,他不断自责之前所犯下的错误,是因为害怕受到相应的严厉惩罚。还有的人,他们没有办法原谅自己的过错,深陷自责当中不能自拔,可能因为之前给大家的印象太美好,一旦错误对印象造成了破坏,他就认为再也没有办法弥补,所以,开始不断地自责,甚至,有的人会为自己人生的某一次错误而忏悔一生。

约翰尼·卡特是著名的灵魂歌手,谁曾想他过去也犯过一次错误呢。在约翰尼·卡特的事业蒸蒸日上的时候,他却感觉到自己的身体已经被拖垮了。为了保证演出,每天,他需要借助安眠药才能入睡,还需要服用"兴奋剂"来维持第二天的精神状态。后来,卡特的坏习惯越来越严重,一位行政司法长官对他说："约翰尼·卡特,今天我要把你的钱和麻醉药还给你,因为你比别人更明白你有充分自由地选择自己想干的事。这就是你的钱和麻醉药,你现在就把这些药片扔掉吧,否则,你就去麻醉自己,毁灭自己。你自己做出选择吧！"那一瞬间,卡特醒悟了,然而,自己的过错能赢得歌迷的原谅吗？卡特并不知道,但是,他明白,只有自己才能原谅自己。于是,他开始戒毒,经过了长时间的坚持,他成功了,重新回到久违的舞台。在那里,他赢得了所有歌迷的原谅,不过,每每说到过去的记忆,卡特总不忘说一句:"我并没有放大我的错误,我只是用自己的行动告诉别人,我可以改正错误。"的确,我们应该永远记住这样一句话:犯错并不是一件特别严重的事情,千万不要拿着放大镜看自己的错误,原谅自己吧!

第四节　不自信地退却比失败还要可怕

对于一个成功者来说,他们绝不应该因为不自信而郁闷生气。爱迪生曾经试用 1200 种不同的材料做白炽灯泡的灯丝,但是都失败了,有人批评他:"你已经失败了 1200 次了。"可是,爱迪生一点也不生气,反而充满自信地说:"我的成功就在于发现了 1200 种材料不适合做灯丝。"正是怀着这份自信,爱迪生最后获得了成功。许多时候,我们所面对的是同样的机会,自信的人选择迎难而上,不自信的人在还没有开始就选择了退却。当然,自信者有可能会面临失败,但是,对于那些不自信的人来说,胆怯地退却比失败还要可怕。在现实生活中,常常有人因为不自信而生气,当机遇来临的时候,他们选择退却,但是,当别人因为这次机遇而获得成功的时候,他们心中不免感到十分生气:"早知道当初我就不要放弃了,真是倒霉,怎么好运气偏偏都被别人抢了?"可是,这时候生气又有什么用呢?真正的强者就是迎着困难而上,即使自己失败了,在心中也没有任何怨言;只有那些所谓的不自信者,常常会在错失机会后唉声叹气,怨声载道。所以,要想克制内心的怨气,我们就应该做一个自信的人,即使失败了也无怨无悔。

威尔逊在创业之初,他的全部家当就只有一台分期付款的爆米花机,价值 50 美元。第二次世界大战之后,威尔逊做生意赚了点钱,他决定从事地产生意。当时,在美国从事地产生意的人并不多,战后大多数人都比较穷,买地皮修房子建商店的人很少,地皮的价格也很低。当威尔逊骄傲地宣布自己的决定时,遭到了亲朋好友的反对,大家都对他说:"你太自信了,到时候一定会输得很惨。"然而,威尔逊却固执己见,相反,他认为家人和朋友的目光太短浅了,他认为美国作为战胜国,其经济应该很快就能进入发展期,而那时买地皮的人会增多,地皮的价格就会暴涨。

于是,威尔逊用自己的积蓄再加上贷款在市郊买下了很大的一片荒地,然而,这块土地地势低洼,不适宜耕种,简直无人问津。不过,威尔逊还是决定买下这块土地,他预测:美国经济很快就会繁荣,城市人口增多,市区会不断地扩大,必然向郊区延伸,在不久之后,这块土地就会变成黄金地段。

一两年过去了,威尔逊的预言成真了,美国城市人口剧增,市区迅速发展,大马路一直修到了威尔逊那块土地上。这时,人们发现这块土地风景宜人,是一个夏天避暑的好地方。于是,这块土地的价格倍增,很多商人竞相出高价争购,但是,威尔逊却有着长远的打算。他在这块土地上盖起了一座"假日旅馆",由于地理位置比较好,开业后生意非常兴隆,从这以后,威尔逊的生意越做越大,在世界各地都有威尔逊的"假日旅馆"。

当初,家人朋友对威尔逊的计划颇有不屑之意,甚至,对他的未来以犀利的评判:"你太自信了,到时候一定会输得很惨。"然而,威尔逊却坚持了下来,在他看来,当自己有自信去做一件事情的时候,一定要坚持下去,即使失败了,内心也不会有半点怨言。事实证明,威尔逊的决定是正确的,凭着那股来自内心的自信,他开创了自己的事业。试想,如果当时的威尔逊是一个不自信的人,在遭到亲朋好友的反对之后选择了退却,那么,这个世界又少了一位成功的商人。

莉莉是一名歌剧演员,她有一个梦想:大学毕业后,先去欧洲旅游一年,然后要在纽约百老汇占有一席之地。对此,心理老师找到莉莉说:"你今天去百老汇跟毕业后去有什么差别?"莉莉仔细一想,说:"是的,大学生的身份似乎并不能帮我争取到去百老汇工作的机会。"于是,莉莉决定一年后去百老汇闯荡,老师感到不解:"你现在去跟一年以后去有什么不同?"莉莉想了一会,犹豫地对老师说:"我决定下学期就去。"老师紧紧追问:"你下学期去跟今天去,有什么不一样呢?"莉莉有点眩晕了,难道就这样子去百老汇吗?老师继续追问:"一个月以后去跟今天去有什么不同?"莉莉激动不已,说:"给我一个星期的时间准备一下,我就出发。"老师步步紧逼:"所有的生活用品在百老汇都能买到,你一个星期以后去和今天去有什么差别?"莉莉激动得语无伦次:"可是……"老师说:"我已经帮你预定了明天的机票。"莉莉看了看平凡的自己,突然,一种不自信从心底涌出来,她对老师说:"呃,我还是先不去了,等我准备好了再去吧。"心理老师满脸失望:"以后,你会对这个决定感到十分后悔的。"

莉莉最终没能去百老汇,后来,她才知道,在同一天,老师找到了另一位同学安妮,对她进行了同样的劝告。安妮在最后那一刹那,自信地说:"那我明天就去。"几年过去了,安妮成为了百老汇小有名气的歌剧演员,而莉莉在一所普通的高中任职音乐老师,她对自己的生活充满了抱怨:"当初,在最后关头,我若不退却,现在肯定在百老汇的舞台做着精彩演出,我的命运怎么这么惨呢?上天真是不公平啊。"

不自信是阻碍一个人成功的主要因素,而且,不知道从何时开始,不自信也成了一个人生气的理由。大多数人就是因为不自信,所以,他们在最关键的时刻选择了退却。从表面上来说,他们暂时避免了失败,但是,从长远来看,他们也永远避开了成功。对一个梦想成功的人来说,与其不自信地退却,事后满腹委屈与抱怨,不如做最后的拼搏,即使失败了,也无怨无悔,因为,不自信地退却远比失败更可怕。

第五节　悲观的心境，只会让自己气郁沉沉

马克·吐温说："世界上最奇怪的事情是，小小的烦恼，只要一开头，就会渐渐地变成比原来厉害无数倍的烦恼。"对于那些有着悲观心境的人来说，就恰似心中长了一颗毒瘤，哪怕是生活中一点小小的烦恼，对他来说都是一种痛苦的煎熬。每天增加一点点不愉快，毒瘤在消极情绪的养分下不停地生长，直到有一天，毒瘤化脓，开始散发出阵阵恶臭，而他已经被悲观所吞噬了。悲观，它是一种比较普遍的情绪，面对生活中诸多的不如意，每个人都有可能要悲观一下，然而，许多人尚未意识悲观的危害性。有的人甚至认为，悲观也没有什么大不了的，又不是抑郁症。可是，据心理学家观察，长时间的悲观心境，会让一个人感到失望，丧失其心智，长期生活在阴影里，自己也会变得气郁沉沉。所以，请远离悲观的心境，调整自己的情绪，走出悲观的阴霾，做一个乐观积极的人。

可能，没人能想到，美国最著名的总统之一——林肯，曾是抑郁症患者。当时，在患抑郁症期间，林肯曾说了这样一段悲戚伤感的话："现在我成了世界上最可怜的人，如果我个人的感觉能平均分配到世界上每个家庭中，那么，这个世界将不再会有一张笑脸，我不知道自己能否好起来，现在这样真是很无奈，对我来说，或者死去，或者好起来，别无他路。"幸运的是，最后，林肯战胜了抑郁症，成功地当选了美国的总统。事实上，悲观给我们的生活所造成的影响是巨大的，一个有着悲观心境的人，无论是生活还是工作，他都没有办法获得成功。甚至，悲观的心境还会有意或无意地成为成功路上的绊脚石。

有两位年轻人到同一家公司求职，经理把第一位求职者叫到办公室，问

道："你觉得你原来的公司怎么样？"求职者脸色满是阴郁，漫不经心地回答说："唉，那里糟透了，同事们尔虞我诈，勾心斗角，我们部门的经理十分蛮横，总是欺压我们，整个公司都显得死气沉沉。生活在那里，我感到十分的压抑，所以，我想换个理想的地方。"经理微笑着说："我们这里恐怕不是你理想的乐土。"于是，那位满面愁容的年轻人走了出去。

第二个求职者被问了同样一个问题，他却笑着回答："我们那里挺好的，同事们待人很热情，互相帮助，经理也平易近人，关心我们，整个公司气氛十分融洽，我在那里生活得十分愉快。如果不是想发挥我的特长，我还真不想离开那里。"经理笑吟吟地说："恭喜你，你被录取了。"

前者是悲观者，在他的生活中天空始终笼罩着乌云，因此，他看什么人和事都是阴郁的，多么美好的生活摆在他面前他都认为"糟糕透了"；后者是典型的乐观者，阳光始终照耀着他的生活，即使是再糟糕的生活在他看来也是十分美好的。悲观者看不到未来和希望，所以，他面临着求职的失败。或许，在人生的道路上，还有更多的失败在等着他，除非他能够换一种心境。

有两个人，一个叫乐观，一个叫悲观，两人一起洗手。刚开始的时候，端来了一盆清水，两个人都洗了手，但洗过之后水还是干净的，悲观说："水还是这么干净，怎么手上的脏物都洗不掉啊？"乐观却说："水还是这么干净，原来我手一点都不脏啊！"几天过去了，两个人又一起洗手，洗完了发现盘里的清水变脏了，悲观说："水变得这么脏啊，我的手怎么这么脏？"乐观却说："水变得这么脏啊，瞧，我把手上的脏东西全部洗掉了！"同样的结果，不同的心态，那么就会有不同的感受。

怀着悲观心境的人，他们只是一味地抱怨，他所看到的总是事情的灰暗面，哪怕是到了春天，他所能看到的依然是折断了的残枝或者是墙角的垃圾；拥有乐观心境的人，他们懂得感恩，在他的眼里到处都是春天的美好。悲观的心境，只会让自己气郁沉沉；乐观的心态，会让自己感受到阳光般的快乐。

曾经的美国总统罗纳德·里根在小时候是一个乐观的孩子，有一次，爸爸妈妈送给里根一间堆满马粪的屋子。一会儿，他们来到里根的门口，发现里根正兴奋地用一把铲子挖着马粪，看到爸爸妈妈来了，里根高兴地叫道："爸爸，这里有这么多马粪，附近一定会有一匹漂亮的小马，我要把这些马粪清理干净，一会儿小马就来了。"对于每一个人来说，悲观的心境就像是漂浮在天空中的乌云，它遮住了生活的阳光，长时间下去，我们自己也会变得抑郁。所以，请远离悲观，放弃心中的怨气，让阳光照进生活中。

第六节　不要处处比较，其实你就是独一无二的

美国教育家 J.B.科南特说："垃圾是放错了位置的财宝，对哈佛大学来说，重要的不是出了 7 位总统和 30 多位诺贝尔奖获得者，而是让进哈佛的每一颗金子都发光。"在这个世界上，每个人都是独一无二的，你可能就是那一颗等待被发现的金子。然而，在现实生活中，一些人总是处处与他人比较，觉得自己不如别人优秀，似乎这辈子自己真的一事无成了。事实上，对于我们每一个人来说，命运是公平的。每个人都有自己的价值，这是容不得怀疑的，我们所需要做的就是欣赏自己，认清自己的价值。比较，它所带给我们的只是失落、沮丧、烦恼、生气，更为关键的是，比较之后，我们会变得不自信，开始怀疑自己的能力，甚至会变得自暴自弃。所以，不要处处都去和别人比较，为自己平添烦恼，其实，你就是那独一无二的"宝藏"。

约翰在中学的时候，由于平时学习不积极，成绩很差，每次考试都是倒数几名。面对这样的约翰，老师说："你已经无可救药了。"身边的同学也看不起他，约翰感到十分沮丧，他觉得自己这辈子也不会有什么出息了。

有一天，老师在班里兴奋地宣布，将有一位著名的学者到班上做实验。

约翰心想,这和我有什么关系呢？不过,约翰从同学那里了解到,这位学者是研究人才心理学的,据说他有一台神奇的仪器,能预测出谁未来会获得成功。约翰有点生气,心想:这和我更没有关系,我成绩这么差,未来怎么可能获得成功,成功只属于那些成绩好的同学。

在同学们殷切的眼神中,著名学者终于来了,老师神秘地点了5个同学的名字,其中包括了"约翰"。约翰感到十分紧张:难道自己又要受批评？来到了办公室,那位著名的学者讲话了:"孩子们,我仔细研究你们的档案和家庭以及现在的学习情况,我认为你们5个人将来会成大器的,好好努力吧。"约翰感到一阵眩晕,以为自己听错了,可是,看着在场人的表情,约翰知道这是真的。原来自己与那些成绩优秀的人是一样的,约翰的成绩很快就上来了,再也没有人说他是无可救药了。

本来,由于约翰自己学习不积极,成绩很糟糕,老师和同学都看不起他,约翰自己也感觉到一无是处。在平常的学习生活中,约翰可能又常常与那些所谓的尖子生比较,结果,越比较越泄气,内心的怨气让他开始"破罐子破摔"。所以,当老师宣布著名的学者将要来的时候,约翰自然而然地将自己划分到"失败者"这一行列,而这样的结论正是从长期的比较中得出来的。没想到,著名学者的巧妙暗示却成了约翰走向成功之路的助推器,通过学者的话语,约翰明白了,原来自己才是独一无二的人才。对此,约翰的内心受到了鼓励,不再泄气,不再抱怨,不再比较,他开始朝着成功的方向前进。其实,并没有所谓的可以预测未来的神奇仪器,但正是这种激励,让约翰重获自信。

美国思想家拉尔夫·沃尔多·爱默生曾说:"你,正如你所思。"每个人都梦想着成为最优秀的那一个,事实上,我们真的可以成为那样的人。没有谁能预言你不能成功。既然没有办法否定这一事实,为什么不试一试呢？相反,如果在你的生活中,总是习惯与别人比较,不敢相信自己,逐渐忽略自己、迷失自己,那么,未来的你可能真的一事无成,而且,有可能你的余生都将在烦恼和抱怨中度过。生活告诉我们：每一个人都是一座宝藏，在我们的内心有着无限的潜力和能力，不要去比较，而是要通过不懈的努力来挖掘自己的宝藏，你就是独一无二的！

一位学者到了风烛残年的时候，感觉到自己的日子已经不多了，他想考验和点化一下自己那位看起来很不错的助手。于是，他把助手叫到床前说："我需要一位最优秀的承传者，他不但要有相当的智慧，还必须有充分的信心和非凡的勇气……这样的人直到目前我还没有见到，你帮我寻找和发掘出一位，好吗？"助手坚定地回答说："好的，好的，我一定竭尽全力去寻找，不辜负您的栽培和信任。"

于是，这位助手就开始想尽一切办法来为老师寻找继承人，然而，每次他领来的人都被学者婉言谢绝了。有一次，已经病入膏肓的学者挣扎着坐起来，拍着助手的肩膀说："真是辛苦你了，不过，你找来的那些人，其实还不如你……"半年之后，眼看学者就要告别人世，但最优秀的人还是没有找到，助手十分惭愧，泪流满面地对老师说："我真对不起您，令您失望了！"学者叹息着说道："失望的是我，对不起的却是你自己……本来最优秀的人就是你自己，只是你不敢相信自己，总是与他人相比较，才把自己给忽略、给耽误、给丢失了……其实，每个人都是最优秀的，差别就在于如何认识自己、如何挖掘和重用自己……"话还没有说完，学者就永远离开了这个世界，而那位助手一辈子都活在了深深地自责之中，因为自己的不自信辜负了老师的遗愿。

比较的根源是不自信，因为不自信，所以才想通过比较来找回自信，可是，大多数人在比较中不仅没能找回自信，反而变得自卑。甚至，在比较的过程中，当他们意识到自己远远不如别人的那一刹那，他们的心中是充满怨气和愤怒的，最后，他们只能成为庸庸碌碌的人。智者与庸者的差别在于：智者从来不与他人比较，他们相信自己就是独一无二的；而庸者总是沉迷于比较的游戏中，他们在比较中丢失自我，满腹怨气，最后，他们成为了平庸的人。

第七节 你不需要讨好所有人，喜欢自己更重要

有人抱怨："每天活得好累，好像一刻都没有轻松过。"现代社会，越来越多的人开始抱怨自己"活"得很累，不是工作累，吃饭累，睡觉累，而是"活得"太累。难道，每天的生活真的那么累吗？如果我们只是在做自己，怎么会感觉到累呢？心理学家认为：一个人若是遵从内心的感受，选择自己喜欢的生活方式，他是感觉不到累的。那么，我们所感觉到的累是怎么回事呢？大多数人都有这样的经历：上学的时候，父母总是指着隔壁的孩子说："瞧瞧人家，成绩多优秀，你得向他看齐。"大学毕业了，父母长辈都说："还是当个老师或者考考公务员，这才是铁饭碗，其他的都不是什么正当的工作。"工作的时候，上司总是告诉你这样不对，那样不对。我们生活的最初点，似乎都是在讨好所有的人，而从来没有讨好过自己。事实上，我们要懂得这样一个道理：你不需要讨好所有的人，只有自己喜欢才是最重要的，因为，没有人为你分担你生活中的烦恼。

小资是一名歌手，以前，每次上节目，她都会抱怨："自己太辛苦，实在受不了压力太大的生活。有时候，为了讨好歌迷、媒体，我一年必须发行两张专辑，但是，自己又想把工作做得更好，这样的工作量简直令我崩溃。"工作时间安排得很紧，如果白天上通告做宣传，晚上，还要去录音棚完成下一张专辑的录制，这样的生活超出了小资可以承受的范围。每天，她都感觉到很累，但是，心中的怨气却无处诉说。最后，在内心快要崩溃的时候，她选择了退出歌坛。

在四年的休息时间里，小资做自己喜欢的事情，她说："以前大家都是看我怎么变化，现在是我用自己的眼光来看大家的改变。虽然现在，我年纪大

了，似乎变得老了一些，但是，年龄并不是我能掩盖的东西，我也想永远年轻，但我懂得这就是时间给我的礼物。在我成长的过程中，我得到的最大一份礼物是不用费劲去证明，只需要做自己喜欢的东西，跟着自己的步伐。在以后的时间里，如果我能完全坚持自己的选择，那就是最好的生活。"虽然小资的年岁增长了，但正是在这样一个年龄，她也不再需要讨好任何人了。最近，小资复出了，在工作上，她已经与唱片公司达成了一致的意见，不要拿任何事情炒作新闻，同时，不要为了赢得名气而故意在唱片的数字上作假，自己可以自由自在地唱歌。这正是小资最喜欢的一种状态。

小资这样告诉所有的媒体："我不需要讨好所有的人，我只需要做自己喜欢的事情。"然而，就是这样一句话，令所有的媒体工作者既羡慕又嫉妒，因为，对于某些媒体工作者，他们的工作就是在讨好所有的人，从而将自己的委屈和自尊放弃。每天，都有许多人为了人际交往，为了生存而讨好他人。他们在这样的过程中感到很累，甚至，感觉到心力透支。到底是为了什么，我们需要对身边所有的人尽力讨好呢？

王娜是同事们公认的"好人缘"，或者说，她是一个从来不唱反调的人，在任何时候，她的观点都与大家一样。在办公室里，一个东西，只要是同事们都说"这个东西真的很好"，她就会随声附和，"真的很好啊"；一件衣服，同事们都说漂亮，她也会表示同意，"颜色十分均匀，款式也很新颖"；一份策划方案，大家都说不错，她也会承认，"设计比较独特，很不错"。于是，只要王娜在办公室，大家都喜欢问她的意见，虽然从来都知道她不会说一句反驳的话，但是，大家似乎成为了一种习惯，凡事都希望王娜能够说两句好听的话。这可给王娜带来了许多烦恼，每天，为了应付那些同事，总说"好啊，这个好""不错，不错"，即使心里面觉得这个东西真的不咋样，但是，为了赢得一份好人缘，以免得罪同事，王娜还是满脸笑容说："我觉得很不错。"

可是，每天回到了家里，王娜就开始抱怨声声了："真累！搞不懂那些同事是什么欣赏眼光啊，明明那个东西没有什么用，偏偏宝贝得不得了；一件过了季的衣服，还说漂亮；策划方案完全是抄袭网上的一篇文章，大家都称赞得不行了。为了应付他们，每天真的好累！"同居的好友张莉笑着说："既然累，干吗不做回自己，说自己喜欢的话，做自己喜欢的事情，干吗搞得自己这么累。我就从来不说违心话，得罪了他又怎么样？我还是照样工作。"王娜叹息着："唉……"

看来，即便是公认的"好人缘"也有一肚子苦水需要倒："每天，我都觉得我不是自己在生活，而是为别人在活。为了讨好他们，我把自己喜欢的一切都放弃了，最后，他们还是不满意。白天，戴着微笑的面具，晚上回到家，没有人愿意分担我的烦恼。我感觉到内心有股气，它在不断地积累、膨胀，我害怕有一天自己会崩溃。"在日常交际中，与他人建立良好融洽的关系虽然是极其重要的，但是，并不应该以放弃自己的快乐为代价，我们并不需要讨好所有的人，有时候，保持自己的个性，往往会令我们有意外的收获。

生活中，我们都会羡慕那些所谓的"好人缘"，似乎每个人都能跟他聊到一块去。更关键是，他所说的每一句话，所做的每一件事，都是按照大家的心思而来的，他没有理由不会受到大家的喜欢。在公司里，上司说这个方案不行，他一句话不说，马上改成了上司喜欢的方案；挑剔的同事说，你今天的打扮好像不太和谐，第二天，他就真的换了一套合同事眼光的服饰；在家里，爸妈说，你新交的男朋友没有固定的工作，她就真的决定与男友分手，重新找了一个能让父母觉得满意的男朋友。在这个过程中我们都会发现，自己不过是在讨好身边的人而已，失去的则是自己想要的生活。

第六章

将苛责化为勇气，放下不真实的完美

许多人不仅习惯于苛责他人，也苛责自己，凡事喜欢追求完美。然而，在这个世界上，并不存在绝对完美的东西，大多数的人和事，正是因为有了一点瑕疵才释放出与众不同的美丽。习惯于苛责他人或自己的人，他们心中往往有怨气，因不能完美而生气、愤怒，苛求太多，失望亦太多，最终，他们只能在失望中沉沦。因此，学会放下不真实的完美，将那份苛责化为勇气吧！

第一节　不服气的人，不要为得不到的而生气自艾

生活中，如果我们仔细观察那些孩子，就会发现在他们身上有一个有趣的特点：总是为得不到的玩具或某种东西而生气，尤其是对于自己特别想要的东西。难道这个特点仅仅只存在于孩子身上吗？当然不是，即使在许多成年人身上，也会多多少少显露出这样的特点。一个人若是特别想要某种东西，却突然间得知自己不能获得，一种强烈的失望感就会涌上来，内心会非常愤怒；有时候，即使他不是特别希望得到某种东西，但是，在同样的条件下，旁边的人却得到了，他也会愤怒，这都是源于内心的不服气。这些经常不服气的人，他们总是在为得不到的而生气自艾。

前不久，销售部的李姐因为出现了财务问题被降职了，所以部门经理的位置空缺了出来。许多人都梦想着坐上这个位置，在整个销售部门，小敏与小叶的呼声最高，大家都知道，小敏与小叶虽然是同窗好友，但是，到了同一个部门，同一个岗位，似乎在每一次工作都暗中较劲，成为竞争对手。老板也感到很为难，因为两个人都很优秀，他也不知道到底由谁来担任这个职位。

就在老板感到左右为难之际，小敏推开了办公室的门，她微笑着向老板说："上次，那个大客户对我们的方案不是很满意，经过多次协商，他还是要求我们重新拟写一个方案，您看，这该如何是好呢？"听到小敏的工作报告，老板心中有了主意，他马上叫来了小叶，当着两个人的面，老板说道："你们俩都知道上次那个客户吧，当时，那个方案是由你们两个人负责的。现在，我需要你们俩分别拟写一个方案，客户满意哪一个人的方案，谁就成为销售部门的经理。"小敏和小叶面面相觑，点点头。

一周过去了，小敏和小叶交上了自己拟写的方案，最终，客户似乎对小敏的方案更青睐。小敏成为了销售部经理，小叶对此愤愤不平，经常向同事抱怨："我还不是一样努力，凭什么她就坐上了经理的位置，我还只是个小职员呢？"每天，小叶除了抱怨还是抱怨，工作积极性也不如以前，老板对她很有意见，没过多久，小叶就主动辞职了。

人是拥有欲望感十分强烈的群体，看到别人获得了某样东西，会感觉到心痒痒，甚至是不服气：为什么我就得不到呢？于是，他们开始生气、愤怒、自怨自艾，情绪陷入消极状态中。事实上，即使自己真的很想得到某种东西，我们也应该积极地去争取，有争取才有机会获得，否则，我们除了生气，将什么也得不到。当然，我们还需要有效地消减内心的占有欲望，不要总是什么东西都梦想着得到，正所谓"得之我幸，失之我命"，获得是一种幸运，我们应该为此感激；失去是一种宿命，我们也不应该去怨天尤人。以这样健康的心态，我们才能够坦然面对生活中的每一天。得到与失去，它们就如同一对孪生兄弟。有时候，我们真的没有必要去埋怨、计较得失，只要我们能常怀一颗乐观豁达的心，微笑着面对人生，这就足够了。不要总是不服气，试想，即使自己得到了全世界又能怎么样呢？

老李夫妇在街边支起了一个小摊，老妇人大声叫卖着烙饼，老头子欢快地翻动着香喷喷的大饼。虽然他们一家三口只是挤在三十平方米的小房子里，看着邻居住上了大别墅，开上了小轿车，老李从来没有半点怨气，心中却感激：只要我每天能够闻着那烙饼的香味吃饭，这就足够了。老李夫妇一天可以挣个几十块，如果超出了一百多，晚餐就可以买点新鲜肉来吃了。儿子在镇上一所普通中学读书，但他的成绩每次都是名列前茅。对老李夫妇来说，儿子就是最大的骄傲，所以他们每天哼着小曲等着儿子放学了一起收摊。

老李还有个爱好，那就是五天买一次彩票，以前他不知道那玩意儿能中奖，偶然情况下，他知道了，便养成了买彩票的习惯。老妇人取笑他财迷心窍,老李乐呵呵地笑着,没有说话,其实,买彩票也只是给自己心里一种愉悦感,一种对幸福的憧憬。人们都说彩票中奖是天上掉馅饼的事情,可这样的好事真的被老李捡到了。在刚买的彩票中,老李中奖了,一等奖一百万元。老李看着满脸皱纹的老太婆,嘴里嘟囔着,说不出话来。晚上,全家人坐在一起,拿着那张小小的彩票激动不已,老妇人连晚饭都忘记了做。老李提议,全家人一起去隔壁餐馆吃吧,儿子叫好,老妇人笑着点头。在小餐馆里,老李一家人似乎还不习惯在餐馆吃东西,筷子都夹不起菜来,一顿饭吃了好久。

第二天,老李拿着彩票去兑奖了,摸着鼓鼓的腰包,他都不知道说什么好。全家人决定,把钱全部存银行,留着以后儿子上大学、出国用。老李夫妇还是在街边做那小摊生意,笑容似乎都没有变过,街坊邻居纷纷说:"老李家根本没有中奖""是啊,要是中奖了,还会再卖烙饼吗?""嗯,早搬到县城去了,哎,可怜的老李家"……偶尔有人问老李,你真的中奖了吗? 老李既不否认也不承认,只是乐呵呵地笑着。

中奖,住别墅,开小轿车,这是多少人梦想中的事情啊,但这对于老李一家人来说,这远远比不上一家人能够安安乐乐地吃一顿饭。邻居们都住上了别墅,开上了小轿车,老李心中一点都不嫉妒或生气,他从来都是笑呵呵的一张脸,坦然地面对着这个世界。即使,中了一百万元的彩票,他们依然没有改变那淡然的生活,依然在街边支着小摊,日子虽然拮据,但是,老李一家人却感受着简单而淳朴的幸福。

有时候,面对人生的一些际遇,我们要学会服气,放下心中的自怨自艾,以积极乐观的心态来面对每一天的生活,不要为一些不值得的事情而生气。

第二节　放弃追逐繁复的完美，张开双臂拥抱简单的快乐

威廉·詹姆斯说："世界精神太忙碌于现实，太驰骛于外界，而不遑回到内心，转回自身，以徜徉自怡于自己原有的家园中。"追求完美，似乎是每一个人的梦想，在生活中，人们总是在追逐繁复的完美，而在这样追逐的过程中，又被无数的烦恼困扰着，愤怒、生气这样一些消极情绪常常围绕着人们。完美像是一座宝塔，我们可以在内心里向往它、塑造它、赞美它，但是，我们却不能把它当做一种现实存在，追逐完美只会让我们陷入无法自拔的矛盾之中。一个人不能在自我怜悯中空虚地度日，最重要的是应该珍惜眼前的幸福。智者说："追求完美是人类正常的渴求，同时也是人类最大的悲哀。"对于我们来说，应该放弃追逐繁复的完美，张开自己的双臂去拥抱最简单的快乐。

追逐完美，本身就是一种苛责的生活态度，为了达到心中完美的目的，人们苛责自己、苛责他人，苛责一切的人和事。在现实生活中，所谓的"完美"终究要伴随着缺憾，即使自己再努力，那些人和事依然达不到绝对的完美，最终，我们只能生气、愤怒。在这个世界上，本来就没有什么绝对完美的事物，如果我们一味地将追求完美的"茧"一层一层地套在自己身上，那么，最终，我们也会僵死在这重重的包裹之中。既然踏上人生的道路，我们就不要背负着"完美"的包袱，否则，将永远陷入无法自拔的烦恼之中，最后也只能在哀叹中了却此生。每个人的一生中总会经历不同的坎坷或挫折，没有一个人可以保证他就是完美无缺的。命运对每个人都是公平的，他给予了你一样东西，肯定会拿走另一样东西，关键是你如何看待生命里的缺憾。

一个失意的人找到了智者，他向智者诉说着自己的遭遇和无奈，哀叹道："为什么在我的生命里总是找不到绝对的完美呢？"智者沉思了许久，说道："可能是你自己对这个世界苛责太多，所以，烦恼才会找到你。"说完，智者舀起了一瓢水，问失意者："这水是什么形状？"失意者摇摇头："水哪有什么形状？"智者不语，只是将水倒入了杯中，失意者恍然大悟："我知道了，水的形状像杯子。"智者没有说话，又把杯子里的水倒入了旁边的花瓶，失意者悟然："我知道了，水的形状像花瓶。"智者摇摇头，轻轻拿起了花瓶，把水倒入了盛满沙土的盆里，水一下子溶进了沙土不见了。智者低头抓起了一把沙土，叹道："看，水就这么消逝了，这也是人的一生。"失意者陷入了沉思，许久才说道："我知道了，你是通过水来告诉我，社会处处就像是一个个不规则的容器，人应该像水一样，盛进什么样的容器就成为什么形状的人。"

智者微笑着说："是这样，也不是这样，许多人都忘记了一个词语，那就是水滴石穿。"失意者大悟："我明白了，人可能被装于规则的容器，但也能像这小小的水滴，滴穿坚硬的石头直至突破。我们要像水一样，能屈能伸，不能要求多么规则的容器，而是需要做到既能尽力适应环境，也要保持本色，活出自我。"智者点点头，说道："当你放下了心中的苛求，你就会发现，任何事物都是完美的，自然，你就能获得久违的快乐。"

阿法朗诗说："我坚持我的不完美，它是我生命的真实本质。"生活的快乐在于简单，生命的美丽在于真实，纵然有诸多缺憾，但是，它却是无法复制的、无与伦比的美丽。我们没必要苦苦苛求自己，没必要凡事都要求完美，因为美丽的事物终究伴随着缺憾，只要足够从容、真实，生活一定会释放出最简单的快乐。

有个学生在课堂上向沙哈尔问道："请问老师，您是否了解您自己呢？"沙哈尔心想：是呀，我是否了解我自己呢？他回答说："嗯，我回去后一定要好好观察、思考、了解自己的个性，自己的心灵。"

本·沙哈尔教授回到家里就拿来了一面镜子，仔细观察着自己的外貌、表情,然后来分析自己。首先,沙哈尔就看到了自己闪亮的秃顶,想:"嗯,不错,莎士比亚就有个闪亮的秃顶。"随后,他又看到了自己的鹰钩鼻,心想:"嗯,大侦探福尔摩斯就有一个漂亮的鹰钩鼻,他可是世界级的聪明大师。"看到了自己的大长脸,就想:"嗨!伟大的美国总统林肯就是一张大长脸。"看到了自己的矮小个子,就想:"哈哈!拿破仑个子就很矮小,我也是同样矮小。"看到了自己的一双大撇撇脚,心想:"呀,卓别林就是一双大撇撇脚!"

于是,第二天他这样告诉学生:"古今国内外名人、伟人、聪明人的特点集于我一身,我是一个不同于一般的人,我将前途无量。"

或许,在别人看来,本·沙哈尔的长相既不出众,更算不上完美,但是,他很会欣赏自己。怀着这一份简单快乐的心态,他将自己身体的每个部分都与名人、伟人和智者扯上了关系,那么,即使自己的五官不是完美的,但自己一定是一个前途无量的人。本·沙哈尔放弃了追逐完美的欲望,却收获了一份最简单的快乐。追逐完美,本身是一种人生的负担,它令我们苦恼、生气、愤怒,但依然没有办法将人和事变得完美,与其让自己变得苦恼,不如放下对事物的万般苛求,坦然接受缺憾。这时你就会发现:快乐原来就在我们身边,它从来不曾远去。

第三节　不是你获取不到,而是你没有全心付出

智者常常这样告诉他的弟子们:"人没有牺牲就什么都得不到,为了得到什么东西就需要付出同等的代价。"生活就是这样,你付出了什么,你就会得到什么。同样的道理,你想获得什么,你就应该全心付出什么。有人常常会抱怨:"上天对我怎么这么不公平啊?"其实,对于每一个人来说,上天都是公平的,因为在上天那里,只有付出才会有回报。如果你总是抱怨自己为什

么获取不到,那一定是因为你没有全心付出。即使在相同的条件下,有的人会得到的多一些,而有的人却什么也没有得到。这是为什么呢？根源就在于他究竟付出了多少。可能我们并没有仔细计算过,但在任何时候,我们都应该记住这样一句话:获得永远来自付出,付出等于回报。对某一件事,只要我们能够全身心地付出,最终,我们就能够获得自己想要的东西。如果你还在苛责这个世界为什么自己总是得不到想要的东西,那么,你是否应该回想到底付出了多少呢？如果不是全心付出,你又有什么理由应该得到这一切呢？

从前,有一位很有钱的富翁,他从来都得不到别人的尊重,为此,他很苦恼,每天都想着如何才能得到他人的敬仰。一天,富翁在街道上散步,看到旁边有一个衣衫褴褛的乞丐,他心想自己机会来了。于是,富翁便在乞丐破碗中丢下了一枚金币,可是,乞丐却头也不抬,自己忙着捉虱子。富翁感到很生气:"你眼睛瞎了吗？没看到我给你的金币?"乞丐还是没有正眼瞧他,回答说:"给不给是你的事,不高兴你可以拿回去。"富翁很生气,又丢了十个金币在乞丐的碗中,心想这一次乞丐一定会趴着向自己道歉,却不料那个乞丐还是不理不睬。

富翁几乎要跳起来了,咆哮道:"我给你十个金币,你看清楚,我是有钱人,好歹你也尊重我一下,道个谢你都不会?"乞丐懒洋洋地回答:"有钱是你的事,尊不尊重你则是我的事,这是强求不来的。"富翁一下子着急了:"那么,我将我的一半财产分给你,能不能请你尊重我呢?"乞丐翻着白眼看着他,说:"给我一半财产,那我不是和你一样有钱了吗？为什么要我尊重你。"富翁一着急又说道:"好,我将所有的财产都给你,这下你可愿意尊重我了吗?"乞丐回答道:"你将财产都给我,那你就成了乞丐,而我成了富翁,我凭什么要尊重你?"富翁一下子好像明白了什么,他抓住乞丐的手,真诚地说了一句:"谢谢你!"乞丐改变了之前的态度睁开眼睛说:"不用客气,您请慢走。"

想要渴望获得一份尊重,我们应该付出的恰恰是自己的那份真诚,哪怕我们所面对的是一个乞丐。为了得到一份他人的尊重与敬仰,富翁想尽了各种办法,给乞丐一枚金币,又给他十枚金币,打算分一半的财产给他,或者将自己全部的财产给他。或许有人会说:"富翁也算是付出了的,至少他出了金钱,为什么还是得不到乞丐的尊重呢?"因为金钱和尊重之间不能画上等号。只有全心地付出,我们才会从中获得自己想要的某种东西,尊重也是一样,要想获得别人的尊重,首先,我们应该尊重他人,这才是平等的。所以,当富翁握着乞丐的手,真诚地说:"谢谢你!"乞丐也改变了之前不屑的态度,以尊重的态度说:"不用客气,您请慢走。"

王明是一位留美的计算机博士,毕业之后,他打算在美国找工作。他拿着自己的各种证书,以及一些在学校所获得的奖章四处奔波找工作。可是,两三个月过去了,他还是没有找到合适的工作,几乎他所选择的公司都没有录用他,而那些愿意录用他的公司却又是自己瞧不上的。他没有想到,自己堂堂一个博士生,居然沦落到高不成低不就的尴尬处境,心中满腹怨气。正在这时,王明接到了一家公司的电话,原来自己被录取了。

满心欢喜的王明来到了那家公司报道,不过,站在公司楼下,王明就泄气了:这楼也太普通了吧,自己好歹是计算机博士呢。由于王明的名校学历以及获奖证书,公司不敢怠慢,当即以总经理的职位留下了这位"人才"。初到公司的王明摆足了架子,上班第一天,他就无故迟到;正常上班时间,他经常外出,从来不向任何人打招呼;即使待在办公室,他也不工作,对着电脑打游戏,将全部工作交给自己的助理去做。时间长了,公司领导觉察到王明的问题,对此,公司进行了人事变动,王明的经理职位由其助理———一位本科大学生担任,而王明则成为了一名普通员工。人事变动的通知下来以后,王明怒气冲冲地来到董事长办公室:"我不明白你们是怎么决策的,放着一个博士生不要,而选择一个本科大学生,难道这就是贵公司的眼光?"董事长笑着回答:"博士,你来公司这么长时间,为公司付出了多少呢? 在我们公司有这样一个准则,你的获得与付出成正比。如果你对公司这样的决定不满意,你可以选择离开。"王明愣住了，走也不是，留也不是，感到左右为难。

在这个世界，没有无付出的收获，也没有天上掉馅饼的美事。任何事物，都需要我们通过一点点地付出去换取，无论是金钱还是物质，地位还是权力，尊重还是真诚。要想获得充裕的物质生活，我们就必须努力工作，以求上进；要想得到梦想中的职位，我们就应该朝着这个方向，不断进取；要想获得他人的尊重，我们就应该付出自己的真诚。试想，哪一位老板会给一个整天无所事事的人发薪金酬劳？又有哪一位绅士愿意给一个目中无人的人一份尊重？一个成功的商人总是这样告诫他的员工："当你想要从我这里获取更多的东西，你首先应该告诉我，你为这个公司付出了多少。"的确，我们不能因为内心的欲望而对这个世界苛求太多，苛求越多，心理负荷越沉重。如果自己真的付出了那么多，那么获取我们应该得到的，这本身就是理所当然的，否则，我们将一无所获。

第四节　对他人苛求指责，不如点醒自己以身作则

足球教练说："我能做什么，你们就能做什么。我没做的，你们做之前就要掂量掂量，或者请示一下。"作为一个上司，他力求的是以身作则，而不是苛求球员。在现实生活中，有的人习惯于对其他人百般苛求，别人出现了一点点纰漏，他就严厉指责，似乎所有的人做事都达不到他的标准。有一位朋友非常爱干净，她几乎包揽了所有的家务，家里的人主动帮忙，她也一律拒绝，理由居然是："我觉得你们洗东西不够干净，我看不上眼。"即使家人主动帮忙清洗了衣物，她也会重新清洗一遍，还到处抱怨："真是，洗不干净还来瞎凑合，尽给我添麻烦。"后来，大家都不来帮忙，她又多了怨言："一天真累死人，也不见哪个来帮忙，我真是命苦啊！"无论对方处于什么样的境地，都

会受到指责，分明是她自己对别人太苛求了。事实上，与其对他人百般苛求指责，不妨自己以身作则，放弃心中的完美追求，这样，无论对于自己，还是身边的人，都能够收获一份更坦然的心境。

有这样一类人，他们往往能够脱颖而出，抱有远大的理想，追求完美，不仅对自己是高标准、严要求，在人际交往中，对他人也常常多了几分苛求，当然也多了几分指责。但是，在这种"高标准、严要求"的背后，到底是什么在驱使他们呢？心理学家通过研究发现，那些习惯于苛求和指责他人的人往往是一些完美主义者，他们的座右铭是：永不停歇，不断成功！当然，他们永远不想知道什么叫"知足常乐"。在追求成功的道路上，他们需要很多人的支持。但对于一个上司来说，他的完美主义不仅仅针对自己，同时，也会针对下面的员工。他对自己的那些要求，比如精力充沛、追求细节、不计报酬等，往往也会强加于下面的员工身上，根本不会去管员工的任何怨言。在完成任务的过程中，员工稍微出了一点点错误，他就会怨声载道，对员工抱怨不已。对此，心理专家特别提醒那些有着完美情结的上司：少对他人苛求指责，多让自己以身作则。

职场新人小松讲述了自己的不幸经历，他的那位上司就是一个"对他人苛求指责"的人：

前不久，公司来了一位新上司，这是一位典型的上海人，做起事情来一丝不苟、中规中矩，任何事情他都极力追求完美。我感到既惊喜又恐惧，惊喜的是原来那个讨厌的上司终于调走了，恐惧的是新上司是一个完美主义者。上司对完美的追求简直到了无法容忍的地步，这样的苛求对我来说是一种莫大的压力，心中感到很烦闷，常常莫名地生气。

比如，在需要与客户洽谈生意的时候，上司会要求我写出详细的业务计划和预算，包括具体的时间，会谈阶段的安排以及具体的会谈内容、目的以及所实施的方法等。而且，更令我愤愤不平的是，如果是他出去洽谈生意，他就会忽略掉这样繁复的程序。不过，虽然心有不满，但他毕竟是上司，怎么能指责他呢？后来，时间长了，我也忍不住了，不时有意或无意地向上司提出要求，说明自己的工作特点，可是，这位顽固的新上司还是执意要求我写出详细的业务计划，不然就对我其他的工作百般挑剔、指责。

面对这样一个苛求他人、不问自己的上司，我感到比之前的压力更大，常常带着情绪工作。由于新上司的独特要求，我把大部分的时间和精力都花在了书写工作计划中，有时候，写工作计划会写到摔笔头。不到一个月，我就感到支撑不下去了，我毅然选择了辞职，去寻找自己的另一片自由天空。

我们不难看出，这位上司是典型的完美主义者，他用自己的"完美"不断苛求下属，使下属有苦说不出，最终，下属丧失了为他工作的有效动力。许多老板都有这样一个特点：当员工完成了自己所交代的工作，他会觉得这是理所当然的，同时，他认为员工应该加倍努力，锦上添花，但他们从来不懂得欣赏和赞美员工。如果员工没有达到自己的要求，他就会怨声载道，甚至比员工还要沮丧，不能理解员工的辛苦。其实，这就是一种消极的思维，老板用这种消极的情绪感染到员工，员工就会失去了追求成功的动力，对工作产生消极态度，即使自己努力了也得不到肯定，谁还会愿意去努力呢？另外，这种消极的思维模式也会给老板自身带来一种负面的情绪体验，令自己感到无奈、沮丧、愤怒。

习惯于苛求他人，这本身就是一种不恰当的行为，这会给他人制造一种强大的心理压力，使其内心产生诸多不快。而且，对我们自己的情绪和心情也有影响。如果苛求太多，自己的要求难以达到，心中也会怨气丛生。因而，苛求与指责带给我们的始终是一种负面的情绪体验，在苛求与指责他人的过程中，我们会变得越来越沮丧、愤怒。所以，请放下心中的完美主义情结吧，不要对他人苛求、指责，先以身作则，再去要求他人、要求这个世界给予自己什么，这样，我们才能远离愤怒、沮丧，成功将会顺其自然地到来。

第五节　放下你的万般牵挂，无欲无求则不会有怒

佛说："无爱则无恨，无欲则无求，无怒则无敌，无怨才是佛，所有的烦恼不过都是放不下的执著。"在现实生活中，我们常常对这个世界有太多的奢求，自己没有的总是想得到，自己得到了还在期望得到更多。我们索求得越多，自己所得到的反而越少，增多的只是心中的怨气。其实，一个人若是怀着一种无欲无求的心态就不会为物质所累，也不会感到烦恼了。人们总是时常抱怨："为什么生活中总是有那么多的烦恼呢？"烦恼从何处来呢？烦由心生，存在于人世间的烦恼不过是因为内心的诉求，因为放不下，不舍得放弃，才会心生怨气。所以，放下心中万般的诉求，做到无欲无求，我们就能够摆脱烦恼的笼子。

第一次世界大战期间，私人医生告诉法国总理克里蒙梭："阁下，您必须珍重自己的身体，因为您抽的烟太多了。"克里蒙梭听从了医生的劝告，他开始戒烟，但是，他的桌子上依然放着雪茄盒，而且，盒子总是打开着。有一次，朋友看见了，挖苦克里蒙梭："本来听说阁下已经戒烟了，看来，你老毛病又犯了。"克里蒙梭回答说："胜利的喜悦必须经过艰苦的战役才能获得，将雪茄烟放在眼前，我当然会受到强烈的欲望驱使，但只要忍耐下去，就会获得胜利，就能做出超越自己能力的事。"其实，人生何尝不是一场战役呢？很多时候，我们并不是被他人打败的，而是被自己打败的，因为在这场战役中，我们会经不起各种欲望的诱惑。战胜自己，放下心中的欲望，变得无欲无求，我们才能赢得真正的胜利。

利奥·罗斯顿是一名肥胖的明星，他的腰围达到了 6.2 英尺（约为 1.88米），体重更是惊人，重约 385 磅（约为 175 千克）。在一次演出之后，罗斯顿

被送往了汤普森急救中心，当时，医院动用了最好的药，最好的设备，但是，依然没能够挽回罗斯顿的生命。在临终前，罗斯顿绝望地说："我的身躯如此庞大，但生命需要的仅仅是一颗心脏。"当时，在场的哈登院长被深深地触动了，作为胸外科专家他流下了眼泪。为了表达对罗斯顿的敬意，同时，为了提醒那些体重超常的人，哈登院长将这句话刻在了医院的大楼上。

很多年过去了，石油大亨默尔也因为心力衰竭而住进了医院。当时，他的公司陷入了危机，为了摆脱困境，默尔不停地来往于欧亚美之间，最后，导致旧病复发。为了在医院继续工作，默尔包下了汤普森医院的一层楼，在此架设了五部电话和两部传真机。默尔的手术相当成功，他在汤普森医院住了一个月就出院了。不过，默尔并没有回到自己的石油公司，而是选择了回乡下。后来，有记者不解地问默尔："为什么卖掉自己的公司？"默尔说了一句："利奥·罗斯顿。"后来，记者在默尔的传记中发现了其中的端倪，默尔说了这样一句话："富裕和肥胖没什么两样，都不过是获得了超过自己需要的东西罢了。"

诺贝尔说："金钱这种东西，只要能解决个人的生活就行，若是过多了，它就会成为遏制人类才能的祸害。"古代波斯国王曾写信给赫利克利特："希望享受你的教导和希腊文化，请你尽快到我的宫殿里来见我，在我的宫殿里，保证你一切方便自如，生活富足。"赫利克利特拒绝了波斯国王的邀请，他这样回答说："因为我有一种对显赫的恐惧，我满足于我的心灵所有渺小的东西，我不能到波斯去。"在现实生活中，我们常常被心中的欲求所困扰，可能是财富，可能是显赫的地位，如果自己的一生被这些所包裹、所埋没，那么，自己永远不会感到快乐的。反之，放下心中的欲求，满足于一种普通、平淡的生活，才是一种超脱名利之缰的幸福。

他一无所有，一家人住在狭小的房子里，过着拮据的生活。可是，突然有一天，他买彩票中奖了，一下子中了五百万元，有了房子有了车子，有了身边的人所没有的一切。许多亲朋好友听说他中奖了，就纷纷跑到他家来哭穷借钱,如果他婉言拒绝,亲朋好友就会指着他的鼻子骂"见利忘义"。终于有一天,他无法承受这样的痛苦,全家背井离乡到另一个完全陌生的地方,开始重新生活。

后来的日子里,虽然没有亲朋好友来借钱的烦恼,但他却要一切从零开始。看着剩下的大部分资金,他开始犯愁了。该如何来投资呢?是存银行坐吃山空,还是用来投资股票、期货?放在家里万一被偷了怎么办?万一邻居发现自己是百万富翁怎么办?如果投资亏损了怎么办?放在银行贬值了怎么办?他整天为这些问题烦恼着,每天,他都谨小慎微,不敢过得太张扬,看似过着普通的日子,但是却时刻提心吊胆,担忧自己的富裕在别人面前显露了。这个中奖的人在临死前,想起了以前没有钱的日子,虽然普通简单,却是人生中最幸福的日子。有钱了,却让自己大半辈子都活在担惊受怕中,最后在痛苦里郁郁而终。

欲望,既可以成就一个伟大的人物,也可以毁掉人的一切。佛家崇尚"得大自在"的境界,一个人如果真的能做到"无欲无求",他就达到了佛家崇尚的境界。现代社会,处处充满着诱惑,于是,人们的生活充满着争名逐利,最终感到"欲壑难填"。其实,对每一个人来说,生命所需要的不过是适当的营养,营养过多反而会扼杀了生命。内心的欲望并没有什么独特之处,可能都超过自己真正的所需,所以,放下心中的欲求,放下万般牵挂,调整心态,真正做到无欲无求,自然不会有怒气。

第六节　坦然面对今天,尽心做好当下的自己

古人曰:"生于忧患,死于安乐。"这是在告诉我们,只有忧患才能使人发展,安逸享乐则会使人萎靡死亡。可是,如果我们总是没完没了地考虑明

天，内心时刻存在一种忧患意识，那么，我们如何快乐地活在当下呢？虽然，人们常说"防患于未然"，但是，如果一个人对未来过度地焦虑和担忧，时间久了就会变成一种心理负担，整个人都被笼罩在消极情绪之下。这样一来，很可能以后的每一天都将生活在忧虑之中，阳光照射不进我们的生活。对未来生活的焦虑和恐惧，成为了现代人一种普遍的心理，即使当下的生活已经过得很不错，但是，人们还是会不由自主地担心未来的生活，总是没完没了地考虑明天会怎么样。因此，为了有效控制自己的情绪，不要总是没完没了地考虑明天，不妨尽心做好当下的自己吧！

面对着一群研究生的拜访，心理专家从房间里拿出了许多水杯摆在茶几上，有各种各样的杯子，不同的材料，有的是玻璃杯，有的是瓷杯，有的是塑料杯，有的是纸杯，学生们各自拿了一只杯子喝水。当学生们拿起了杯子，心理专家开始说话了："大家有没有发现，你们挑去的杯子都是比较好看、比较别致的，像这些塑料杯和纸杯却没人拿走。其实，这就是人之常情，谁都希望手里拿着的是一只好看一点的杯子，但是，我们需要的是水，而不是水杯。所以说，杯子的好坏，并不影响水的质量。"接着，心理学家解释道："想一想，如果我们总是有意或无意地把选杯子的心思用在了考虑明天的事情上，那么，我们的生活能够远离忧愁吗？"一位学生摇摇头："当然不，烦恼会接踵而至。"有时候，我们花上过多的时间来考虑明天会怎么样，担心明天会发生什么，结果，眼前的今天我们却没能做好，反而置自己于忧虑之中。

一位著名的心理学家为研究"忧虑"问题，做了一个很有趣的实验：

心理学家要求实验者在一个周日的晚上，把自己未来 7 天内所有忧虑的"事情"都写下来，然后投入一个"烦恼箱"里。三周过去了，心理学家打开了"烦恼箱"，让所有实验者一一核对自己写下来的每个"烦恼"。结果发现，其中 90% 以上的"烦恼"并没有真正发生，因为它似乎更多地来自人们对明天的担忧。

这时，心理学家要求实验者将真正的"烦恼"记录，并重新投入"烦恼箱"。三周很快过去了，心理学家又打开了"烦恼箱"，让所有实验者再一次核对自己写下的每个"烦恼"，结果发现，那些许多曾经的"烦恼"，已经不再是"烦恼"了。所有的实验者都感觉到，对于烦恼，总是预想的比较多，但往往出现的却很少。对此，心理学家得出了这样的结论：一般人所忧虑的"烦恼"有50%是明天的，只有10%是今天的，而最终的结果是，至少有90%以上的烦恼是自己想出来的烦恼，至于今天的烦恼是完全可以轻松应付的。

许多人没完没了地考虑明天，给自己找来了许多烦恼，这就是所谓的"烦恼不寻人，人自寻烦恼"。对于医生来说，在他们心中有一个秘密，那就是：大多数的疾病是可以不治而愈的。有的医生甚至断言："许多人并不是真的有病，只是自己无聊坐在那里胡思乱想，结果，多么美好的一个明天，硬是被他自己设想出许多病来。"明天到底会怎么样呢？我们都无从得知，因为明天还没有来到，即使我们对明天有诸多幻想，那也应该是往好的方面想，不要总是担心这样或那样，否则，既忧虑了今天，也给明天蒙上了一层阴影。所以，尽心做好当下的自己吧，至于明天，就完全交给明天吧！

有一位年轻人，总觉得自己好像生病了。于是，他就去图书馆借了一本医学手册，想看看自己到底得了什么病。他先看了癌症的介绍，突然，他感到自己患癌症已经好几个月了，顿时，他被吓住了。后来，他想知道自己还患了什么病，就依次读完了整本医学手册，结果发现：除了膝盖积水症以外，在自己身上各种病都有。当他走出图书馆的时候，好像完全变成了一个全身都有病的老头。

他决定去医院，见到了医生，说："医生，我看过相关的医学书，我已经活不了多久了，除了患膝盖积水症，其余什么病我都有。"医生给他做了诊断，然后开了一张处方给年轻人。年轻人顾不得看就马上塞进口袋，立即跑往药店。到了那里，年轻人匆匆把处方递给药剂师，谁知，药剂师看了一眼，就退给他说："这是药店，不是食品店，也不是饭店。"年轻人惊讶地接过处方一看,上面写着:煎牛排一份,啤酒一瓶,6个小时一次;10英里的路程,每天早上走一次。年轻人照做了,并且,他一直健康地活到了现在。

对未来担忧太多,以至于这个年轻人怀疑自己生病了,结果,经过医生诊断,他什么病都没有,有的只是心病。现代社会,人们越来越焦虑,仿佛内心隐藏着一种未知的恐惧,担忧自己的生存状况,担忧明天,这样的人并不在少数,据一项社会调查显示,越是成功的人对明天越是担忧。有一位成功人士毫不忌讳自己的焦虑:"现在我的公司刚刚上市,一切都在起步阶段,许多人恭贺我的成功,为此,我却感到忧心忡忡,未来的种种困难在某个阶段等着我。同时,每天外出应酬,常常喝酒,自己的身体每况愈下,对于明天,我真的十分焦虑,害怕它的到来,更害怕随着它而来的还有无限的挫折和挑战。"

其实,即使再焦虑,我们也不能改变未知的明天,不妨调整好自己的心态,以坦然的心境来面对今天,尽心尽力做好自己,明天自然会更美好。

第七节　有勇气放手舍弃,才有可能获取最甜的快乐

人生就像是负重前行,随着路程越来越远,身上的担子也就越来越重,我们所承受的压力就越来越大。另外,如果我们心中欲求越多,我们所承受的东西也将越来越沉重。就像一个背负重物的人,在行走的路途中,这样他也喜欢,那样他也舍不得放弃,最终,包袱会压得他弯下了腰。但是,他依然舍不得丢掉一样东西,拖着艰难的脚步,一步一步向前挪动。有时候,我们得到的东西越来越多,但是,我们所感兴趣的东西却越来越少,那种来自心灵的快乐也丢失了,人生更加的沉重、烦闷。对于每个人来说,舍弃与得到

是相互作用的,当你得到的东西越多,失去的轻松与自由越多;相反,当你鼓起勇气放弃了某种东西,很可能就收获到最简单的快乐。

曾经有个人,他总埋怨生活的压力太大,生活的担子太重。他觉得活着很累,重担压得他透不过气来,他听人说,哲人柏拉图可以帮助别人解决问题。于是便去请教柏拉图。柏拉图听完了他的故事,给了他一个空篓子,说:"背起这个篓子,朝山顶去。可你每走一步,必须捡起一块石头放进篓子里。等你到了山顶的时候,你自然会知道解救你自己的方法。去吧! 去找寻你的答案吧⋯⋯"于是,年轻人开始了他寻找答案的旅程!

刚上道,他精力充沛,一路上蹦蹦跳跳,把自己认为最好的、最美的石头,都一个一个扔进篓子里。每扔进一个,便觉得自己拥有了一件世上最美丽的东西,很充实,很快乐。于是,他在欢笑嬉戏中走完了旅程的1/3。可是,空篓子里的石头多了起来,也渐渐重了起来。他开始感到,篓子在肩上越来越沉。但他很执着,仍一如既往地前进。

而最后一个1/3的旅程确实是让他吃尽了苦头。他已经无暇顾及那些世界上最美丽、最惹人怜爱的石头了。为了不让沉重的篓子变得更重,他毅然舍弃了这些,只是挑选了些非常轻的、非常需要的或是必不可少的东西放进篓子。他深知,这样的舍弃是必要的。然而,无论他挑多轻的石头放入篓子,篓子的重量也丝毫不会减少,它只会加重,再加重,直到他无力承受。但最后,他还是背着篓子,艰难地踏上了这最后的1/3旅程。

可能,我们都听过这样一句话:"远路无轻物"。如果自己将要负重前行,出发的时候往往很轻松,但越行越远自己就会感到举步维艰,甚至,会不自觉地抱怨自己为什么会选了那么多的东西。但是,望着前方的路,依然不舍得放弃,只能沉重地往前走。以至于我们达到了终点,再打开自己的口袋,发现里面有很多东西都不是我们所需要的。其实,对每一个即将远行的人来说,能够收获一份简单的快乐才是最重要的。

表姐硕士毕业后留在了一所名牌大学任教,工作得心应手,很受学生们的欢迎。在三年的教学过程中，表姐已经在国家级刊物上发表了十余篇论文，还出版了一部专著。很快，学校破格提拔表姐为副教授，任命其为教研室主任。对此，身边的家人朋友都为她感到高兴，大家都认为，只要表姐能够继续走下去，教授、博士生导师只不过是时间问题而已。可是，就在表姐事业如日中天的时候，她却作出了令大家跌破眼镜的事情，表姐毅然辞去了前途光明的大学教师，应聘到美国一家著名公司做一名普通的员工。

父母感到十分惋惜，忍不住问女儿："你以前的工作不是挺好的吗，别人都是可望而不可即，你为什么选择舍弃呢？"表姐却说："这么多年来，我最大的收获并不是金钱和名誉，而是努力挑战自己的乐趣，丰富自己的阅历。如果我继续在这个岗位上工作，我会感觉到苦闷。一直以来，我很看重自己内心到底想要什么，所以，我鼓起了勇气去舍弃，这样，我才能感受最甜的快乐。"

或许，在别人看来，表姐的跳跃并不是大家心目中完美的一跃，甚至，这一跃存在着一定的风险。但是，表姐自己并不在乎世俗的衡量标准，她清楚地知道自己内心到底更想要什么，所以，她鼓起了勇气选择了舍弃。当然，在表姐的生活中她感受到了一份简单的快乐。一个人只有敢于舍弃一些东西，才能够轻松地争取一些东西。如果他什么都不肯舍弃，那么，他就没有多余的时间和精力去追求新的获得，不仅得不到快乐，反而会在郁郁中度过余生。

第七章

别跟自己较劲,卸下压力给自己松松气

生活中,来自各方面的压力重重,压得我们喘不过气来,这时候,情绪容易激动、愤怒,心中常常涌起一阵无名火。大量的事实证明,现代人似乎更容易生气,哪怕只是一件微不足道的事情,他们也会火冒三丈。而令他们自己感到疑惑的是:往往不知道"气"来自哪儿。其实,那怨气的根源是"压力"。因此,不要总是跟自己较劲,卸下心中的压力,给自己松松气吧!

第一节　给自己的压力越大的人，往往"气"越多

一位公司白领这样说："最近工作压力大，感觉自己脾气也越来越大，老想发火，尤其是每天回家坐地铁，十分拥挤，每次都会与站在身边的人发生冲突。我也不想这样，但是，那些怒气就是忍不住往外窜。"在日常生活中，我们常常发现这样一些容易生气的人：有为生计奔波的小贩、外企工作的白领精英、小有成就的私企老板等。从表面上看，他们似乎并没有共同点，但如果我们仔细观察就会发现，在他们身上有一个显著的特点：压力比较大。无论是生存压力，还是工作压力，对一个人的情绪都有着重要的影响，一旦压力来袭，情绪就会恶劣，容易生气、烦躁，似乎看什么事情都不顺眼。他们内心的情绪积压过久，总想痛快地发泄一番。因此，那些给自己压力越多的人，他们心中的"怨气"往往越多。

据社会调查发现：那些生活、工作条件良好、受过较高程度教育的城市人，他们对生活的满意度远远不如农村人，来自生活和工作的压力让他们的生活质量大打折扣。近些年来，城市人的脾气似乎越来越大，他们常常感觉到紧张、焦虑、容易愤怒，甚至在悲观时有自杀来解脱压力的念头。这项调查还显示，同农村人相比，城市人工作的体力强度、时间都少于农村人，而且，更注重健康的生活方式，但是，城市人的精神状况却显著差于农村人。同时，个人工作稳定、收入有保障列为城市人平日最关心的问题，对工作的极度关注使得许多城市人明显感到工作压力影响到了个人健康。另外，城市的快速发展和工作的快节奏也让许多城市人觉得自己似乎有点力不从心，60%左右的城市人对自己的工作状况并不满意，而且，来自家庭以及婚姻的压力也会让他们感到焦头烂额。

最近，小月代表公司接待了一个大客户，第一次见面会谈，小月就感觉到这个客户太挑剔，不仅要求策划案完全按照他们的思路进行，而且严格要求每一个细节都必须到位。回到公司，小月忍不住向老板抱怨："这个客户太挑剔了，一个企划案竟有那么多的要求。"老板收起了满面笑容，板着脸说："小月，你总是嫌这个客户不行，那个客户不行，这怎么能谈成业务？这一次，你务必要拿下这个大客户，否则，你就直接到销售部报道吧。"说完，老板就头也不回地走了，剩下满脸愁容的小月。

按照客户的要求，小月拟写了企划案，而且亲自检查了三遍才交给客户。谁料，在会谈中，客户表示："这里还有几个小问题，你需要改改，为了美观，你最好重新写一份。"小月呆住了，重新写一份，这个方案可是自己花了一个星期制订出来的，客户似乎看出了小月的心思："不好意思，不过，我们可以宽限时间，再等你一个星期。"告别了客户，小月几乎是一路发飙回来的。遇到一个出租车司机，因为司机没有听清楚小月报的地址，小月十分生气："你的耳朵干什么用的？老娘今天真是倒霉，遇到你这样一个傻傻的司机。"司机没有吱声，似乎对这样的乘客已经习惯了。就连进入公司大楼前，那个保安多看了小月一眼，小月也毫不客气地说："看什么看，不认识啊。"小月感到心中有个东西在不断膨胀，眼看就快要爆炸了。

每天我们都面临诸多压力，有可能是事业不顺而造成的工作压力，有可能是感情不顺而造成的感情压力，还有可能是家庭不和谐而造成的家庭压力，对此心理学家把这些压力都统称为"社会压力"。社会压力对于一个人来说，将直接转换成心理压力、思想负担，久而久之就会成为心结。如果这种压力，长久得不到有效释放，就会越积越多，并产生出巨大的能量，最终就像一座火山一样爆发出来，导致人们的情绪大变，总感觉自己活得太累，每天都不开心，脾气越来越坏，甚至有严重者会精神崩溃，做出傻事。面对巨大的社会压力和心理压力，最重要的缓解手段是自我调节、自我释放，当然，有合理而适度的压力，也并不是一件坏事。

对于我们来说,对待压力应该像高压锅一样,当压力不够时就聚集压力,让压力变成"煮饭"的动力;当压力过高时,就自动释放压力,这样压力就不会对我们造成伤害。那么,如何来缓解社会压力和心理压力呢?

1.养成良好的作息习惯,营造良好的睡眠环境

在平日生活中,我们需要养成按时入睡和起床的良好习惯,稳定的睡眠,可以避免引起大脑皮层细胞的过度疲劳;注意调节卧室里的温度,睡眠环境的温度要适中;在卧室内可以使用一些柔和的色彩搭配,这样,我们在一个良好的环境中自然能够放松心情,顺利进入睡眠,并保证较高的睡眠质量。

2.放松精神,舒缓压力

我们需要缓解自身的压力,比如,在睡前可以进行适量的运动,听听音乐,或者是头部按摩运动来缓解压力;也可以进行短距离的散步;还可以在睡觉前播放一些轻柔的乐曲,在入睡前按摩头部,面部,耳后,脖子等部位,这样都可以使身心放松下来,缓解白天的精神压力。

3.给自己的压力要适当

心理学家建议:适当的压力有助于我们激发更强的斗志,但是,正如任何事情都有一定的度,压力过大就会影响到正常的情绪。因此,在日常生活中,我们要给自己适当的压力,只要不是太严重的事情,我们应该尝试忘记,这样一来,那些琐碎的小事就影响不到我们了。

第二节　不要处处惹气生,有效释放心理压力

一位朋友这些天正在学习弹琴,由于基本功不太扎实,他练起琴来很费力,尽管自己付出了许多辛勤的汗水,可就是不见效果。但是,他心里却又极度渴望自己在琴技方面能够有所突破,于是,他每天强迫自己练琴四个小

时。时间长了，他变得非常焦虑，从心理上把练琴当成了一种压力。他常常烦躁地问老师："我是不是练不好了？""我还能行吗？""怎么这么练总不见效果，我干脆还是不练习了吧！""难道我就这么放弃了吗？"。老师听了，只是微微一笑："你不要自己到处惹气生，放松自己，缓解心中的压力，卸下心理负担。这样，心情好了，琴艺自然会有所进步。"过了不久，朋友的琴艺真的进步了，而之前弥漫在脸上的阴霾也消失得无影无踪。

生活中，如果把任何事情都当成了一种负担，我们就有可能让生活处在压力、痛苦、烦躁和苦闷之中。相反，如果把一件事情仅仅当成了一种习惯，就能让一个人在潜移默化、不知不觉中成为自己梦想的那个人。一个人若是背着负担走路，那么，再平坦的路也会让他感到身心疲惫，最终，他会因为不堪生活的压力而走向不归路。但是，如果我们能平复心境，试着把那些沉重的负担当成一种习惯，用轻松、淡然的心态去看待问题，心境便会变得澄明，所有的压力便会缓解，那负担也许会变成一种精神上的享受。

小伟是一个上班族，最近，他似乎感觉到自己陷入了"情绪周期"。从周一到周末，自己的情绪都处于一个相当不安稳的状态，满是烦躁、苦闷，他也不知道这是怎么了。

周一，小伟就尽力克制自己不想起床的欲望，躺在床上他就在想，今天又要开会，又要接受新的工作任务，还要总结上周的工作。如果自己在上周工作中出了小错，星期一就感觉到格外有压力。有时候，在路上碰到堵车、有人横穿马路等情况，小伟都忍不住怒骂两声，似乎这样可以消减一下内心的苦闷。

周二，小伟觉得周一可能是一个过渡时间，可是到了周二，自己就必须面对现实和工作了。面临着繁重的工作，小伟常常感到焦头烂额，甚至有时候还不得不牺牲午休时间来抓紧时间工作。

周三，每到这一天，小伟都是冷着一张脸，陷入了情绪最低沉的一天。似乎上个周末与女朋友一起玩乐的高兴早在忙碌的工作中忘得一干二净。想到离周末还有漫长的两天，小伟就感觉心瞬间沉入了谷底。

周四，或许由于前几天的累积，这一天坏情绪达到了最巅峰，不仅工作效率很低，而且感觉到十分疲惫。小伟感觉到几天以来积累的坏脾气，几乎都要在这一天爆发了。如果在这一天受到了主管的责骂，小伟一点也不感觉奇怪，似乎每个人都喜欢在这一天发脾气。

周五，小伟觉得，对于自己来说，可能周五才是比较轻松的一天，想到周末马上就来了，工作效率也变得很高，心情变得十分轻松愉快。即使是面对同事的一些挖苦和玩笑，小伟也能"大度"地不予计较。

周末，小伟通常的时间安排是：周六疯狂地玩一天，周日休息。可是，在周日，小伟的情绪又陷入了焦虑和烦躁中，一想到下周的工作，心情就越来越烦躁，甚至，到了周日晚上还会失眠。对此，小伟想大喊一声："周而复始的时间啊，怎么就不能给自己一份好心情呢？"

小伟只是无数的上班族中的一个代表，在现代社会，越来越多的上班族意识到自己正在陷入"情绪周期"。在一周的时间内，他们的情绪变化与小伟的情绪变化没有两样。即使有时候，他们明白自己生气也不能解决任何问题，但在内心的压力下，他们就是忍不住，而且，情绪的时好时坏已经严重地影响到他们正常的生活和工作。对此，心理学家向我们支招，帮助我们放松自己，缓解心理压力。

1.星期一综合征

越来越多的人开始陷入了"星期一综合征"，早上一起床，他们就感到了一种厌烦、懒惰、健忘、精力不集中的状态。据德国的相关调查，得出了这样一个结论：80%的人在周一起床后就会情绪低落。另外，许多公司习惯于将重要的决断和新的工作计划安排在星期一，这在一定程度上给上班族带来了巨大的压力感。对此，心理学家建议：想让自己不再抗拒上班，早起比较重要，因为紧张感和时间有密切的关系，早起可以获得充裕的时间，这不仅能减少内心的焦虑感，而且，还能有时间去吃一份减压的早餐，比如一大杯鲜奶、一个鸡蛋、一片牛肉、一根香蕉等，这可以让人产生一种满足感和轻松感。

2.有效的意象训练

对于许多人来说,周一可能还没有正式进入工作状态,但是,周二就令自己不得不面对现实。据最近的一项研究表示:周二上午 10 点是一周中工作压力的最大峰值,人们感觉到焦头烂额。而且,许多人在这一天会放弃午休时间抓紧时间工作。对此,心理学家建议:在压力最大的时候可以做一个意象训练,找一个比较安静的地方,闭上眼睛,做深呼吸,想象自己在坐电梯,慢慢开始数楼层,这样可以有效地缓解心理上的压力,平复情绪。

3.微笑

心理学家证实了人们这样一个猜想:周三是人们一周中的情绪最低点,也是人们接受信息最多,感觉负担最重的时刻。那么,在这一天,最有效的缓解压力的办法就是微笑,想办法让自己笑,比如看看笑话、回忆过去美好的事情等。这些都能够帮助自己平复内心烦躁不安的情绪,调整心理,尽快回归到一种正常的情绪中。

4."黎明前的黑暗"

有的人将周四称为"黎明前的黑暗",这一天不仅是工作效率最低的一天,同时,也是人们疲惫感最强、心情最烦躁的一天。似乎几天积累的坏脾气将要在这一天爆发,人们总是感觉什么都不对劲,环境特别杂乱,身边的人特别的烦,一切都让人透不过气来。心理学家建议:为了驱赶黑暗,应该将灯光调到最亮,这会让人的心情变得平稳、快乐。

5."周末上班焦虑症"

许多人在周末快要结束的时候,就开始陷入对下周工作的焦虑中,结果,越想越烦躁。对此,心理学家建议:可以给大脑设一个开关,该休息的时候就应该休息,该工作的时候就要全力以赴,不要去想下周工作的事情。如果实在不放心,可以在周末拿出一个小时想想下周的工作计划,这样,焦虑的心就会平静下来。

第三节　适当的压力其实能让自己更快乐

曾在一本书上看到这样一段话:"人一生中都会面临两种选择,一是改变环境去适应自己,二是改变自己去适应环境。既然压力已经存在,根本无法彻底消除,那我们何不积极地改变自己,正确引导各种压力成为自己前进的动力呢?"在现代社会,几乎每一个人都有压力,其实,适当的压力可以帮助我们挖掘潜力。一个人的潜力究竟有多大呢,我想大多数人都不清楚,对此,科学家指出:人的能力有90%以上处于休眠状态,没有被开发出来。是的,如果一个人没有动力,没有磨练,没有正确的选择,那么,积聚在他们身上的潜能就不能被激发出来,而压力则会给他们这样的动力。所以,适当的压力不仅能激发出一个人无限的潜能,而且,还能够带给我们许多快乐。

在日常生活中,来自各方面的压力使我们感到很累,好像生活被一个巨大无形的网笼罩着,这令我们做任何一件事情都感到力不从心。于是,在强大的心理压力下,我们常常会幻想享受那种无忧无虑、不食人间烟火的生活。事实上,没有压力的生活是不可能快乐的,它只会令你感到烦闷、无聊,时间长了,你会感觉自己在堕落,从而丧失了对生命的追求。另外,生活在现代化的社会,我们无论如何都避不开压力:学生时代,我们所承受的是各种考试的压力;工作时期,有着竞争的压力,家人的期许,自己内心的苛求等,这些压力都是无法避免的。既然无法避免那些潜在的压力,何不把压力当作生活的调剂品呢?

她是一位典型的家庭主妇,老公做汽车运输生意,生意十分红火,她的事业就是"相夫教子"。每天,除了煮饭就是洗衣服,除了逛街就是打扫清洁,甚至连两个孩子的学习都不用操心,因为请了家庭教师。生活得如此惬意,她也常常受到许多人的羡慕:"你真有福气啊!老公有本事,孩子聪明伶俐,你年纪轻轻就过上了富太太的生活。唉,真羡慕你,哪像我们还要焦虑这样,担心那样。像你这样没有压力真好。"刚开始,她也会客套几句:"哪里,哪里。"时间长了,她也会疑惑:难道自己真的如他们想象般的快乐吗?以前孩子还小的时候,自己还可以陪在他们身边,现在孩子也上学了,老公也长时间在外面谈生意,家里就剩下了自己一个人,尽管没有金钱的压力,没有生存的压力,但是,总是感觉到自己很无聊,心里烦闷,几乎已经远离了久违的快乐,这是为什么呢?

现代社会中,人们大多数都会羡慕没有经济压力的家庭主妇、坐在办公室看报纸的公务员,似乎总觉得他们的生活那么悠闲、自在,远离了压力的困扰。事实上,他们的生活真有那么快乐吗? 一位公务员的朋友这样说:"每天九点我才去上班,十点左右就可以离开了,下午有时候根本不上班,可是,一天剩下了这么多时间,我也不知道怎么打发,心绪变得混乱不堪,时常感到无聊、烦躁,有时候,我甚至感觉到自己在浪费生命。"其实,烦闷的根源来源于他这种"无所事事",这与大多数家庭主妇的生活差不多,即使远离了社会的压力,但是,无聊似乎比压力更令人苦恼。对此,心理学家对那些整日闲在家里的主妇们有一个建议:尽可能找一份自己喜欢的工作,不管收入有多少,至少能够体现自己的价值,给生活带来适当的压力。

一位留学英国的朋友回国后,向同学们讲述了自己在国外的生活:"我在国外刚开始的时候,由于自己英文很烂,害怕出糗,整天就把自己关在屋里,看书、上网、看电影,这样的生活状态仅仅维持了一个月就让我崩溃了。我开始想:自己是否应该干点什么。"后来,她去了国家应用科学院求学,开始,老师讲课自己一半都听不懂,而且,老师讲课也没有教材,只能靠自己做笔记,压力非常大。当时,她想,自己只要及格就行了,没有必要追求名列前茅。于是,每天她都会拿着同学的笔记来抄,然后,自己在宿舍里拼命学。

临近考试的时候,她开始冲刺,每天只睡三个小时,第一次考试,她及格了。虽然，自己的分数并不是很高，但是，令自己高兴的是老师给全班同学发了一封邮件。在信里，老师这样说："这次考试，我以为出的题目比较难，但是，令我没有想到的是，班里的三个留学生考得还不错，希望你们继续努力。"老师的鼓励令她受到了鼓舞，她开始认真听课，成绩也越来越靠前了。到了第二年，她的成绩就排在了全班第一，这样的成绩不仅令同学感到惊叹，连她自己都觉得不可思议。最后，她这样说道："在国外求学的经历堪称跌宕起伏，但是，我并不觉得有什么不好，这些所谓的挫折与困难让我学会了承受，让我赢得了最后的胜利。我们的生活需要适当的压力，压力教会了我们什么是坚持，最重要的是，让我远离了那种无聊烦闷的生活，重新拾起了久违的快乐。"

有时候，适当的压力并不算什么，当你坚持下来后就会发现已经没有多少压力了，所有的压力都会在行动中因为找到了发泄的途径而变得无影无踪。只要我们能够坚定地走下去，全力以赴，我们就会赢得自信，相信自己能够做得更好，这样长久地与各种压力作斗争，获得动力，从而走向成功。当然，只有让适度的压力存在才是最有效的方法，如果压力过大或根本没有压力，那么我们将不会快乐起来，也不能赢得最后的胜利。也许有人会问，什么是适当的压力？适当的压力，就是指时间不长、刺激不大、能让人最终有成就感的压力。所以，随时让自己拥有适当的压力，舒缓过大的压力，从而远离无聊、烦躁的心境，重新追逐生活的快乐。

第四节　用开怀大笑，败一败自己的火气

心理学家说："健康的开怀大笑是消除精神压力的最佳方法之一，同时也是一种愉快的发泄方式。"当压力来临或者遇到了烦心的事情，我们应该

忘记心中的忧虑，开怀大笑，败一败自己的火气。笑完了，心中的怒气也就消失了，愤怒的情绪也回归到正常状态了。我们常说"笑一笑，十年少"，在西方也流传着这样一句谚语："开怀大笑是一剂良药。"笑对一个人身心的益处，得到了中西方医学专家的普遍认可。美国心理学家史蒂夫·威尔逊是"世界欢笑旅行"组织的创始人，他这样阐述了"笑"："笑很简单，它是人类与生俱来的本领，笑也很复杂，蕴含着许多人们可能从来没听说过的学问。"对此，威尔逊对笑进行了多年的研究，他号召人们用笑赶走烦恼、焦虑。所以，当心中的无名火涌起时尽情地大笑吧，这样会助你调节情绪，平复心境。

芬兰科学家通过多项实验和调查发现，人一生下来就会笑。简单地说，人可以不需要学习就能发出笑声，刚出生的孩子会在睡梦中微笑。但是，诸如悲伤、烦恼等负面情绪，以及表达负面情绪的愤怒、哭泣，则需要通过亲身体验，慢慢学习而来。另外，相对于心中忧虑而引起的皱眉来说，笑调动的肌肉数量更少、用力也要小一些。那么，既然绽放笑容如此简单，为什么不少一点烦恼、愤怒，而多一些开心的笑呢？有一位智者很喜欢大笑，而且，通常是在嗔怒时大笑，弟子感到不解："既然这么生气，为什么会选择笑呢？"智者这样回答："因为大笑可以帮我赶走内心的怒气，即使我强迫自己大笑，也能够达到这样的作用。所以，既然笑能有如此的作用，我又何苦选择生气呢？"

卢刚大学毕业后进入了一家大公司，不过，拿着名牌大学的毕业证，他却在办公室里当起了一名普通的文员。这令卢刚十分苦恼，心中常常为此愤愤不平。另外，由于卢刚不太善于表现自己，内心有着强烈的自卑感，使得自己的才能无法施展开来。工作一段时间后，卢刚觉得生活压力越来越大，浑身都没有精神，莫名其妙地失眠。他觉得自己心理有了问题，在一个星期天，他走进了一家心理咨询中心。面对医生，卢刚倾诉了心中的苦闷，不过，医生并没有给卢刚任何的劝导，而是提出一个小小的要求："每天早晨起床后，什么都不要干，先对着镜子里的自己笑一下。在一天的工作中，如果感到苦闷了，就找个安静的地方开怀大笑一番。"卢刚半信半疑，但是，还是照心理医生的话去做了。

一个星期过去了，卢刚又去了医院，医生问他："感觉怎么样？情况是否有所改观？"卢刚感慨地说："真没想到，这个办法真的很灵验。"刚开始照镜子的时候，卢刚被自己的样子吓了一跳：眉头紧皱，满脸沮丧，活脱脱一张苦瓜脸。虽然，以前也会对着镜子剃须、洗脸之类的，但那时都是面无表情，他意识到自己好久没有认真地审视过自己了。想着以前自己是一个快乐的小男孩，记得自己以前也是喜欢笑的，可是，当他第一次对自己微笑的时候，却发现笑容变得十分僵硬。后来，卢刚开始每天对镜子里的自己笑，他在镜子里看到了一个快乐的自己，他感到浑身的力量也回来了。

卢刚有些疑惑地问医生："请问这是什么道理呢？"医生笑着说："笑赶走了你内心的怨气和忧虑，为你带来了自信和快乐，因此，你的生活和工作都有了较大改观。"听了医生的话，卢刚恍然大悟，以后，在办公室里，同事们经常能听到卢刚那爽朗的笑声。

然而，现代人笑得越来越少了，事实上，我们要想做到笑口常开，就需要自己有意识地做一些努力。我们可以试着培养这样一些习惯：每天起来，对着镜子给自己一个笑容；遇到擦肩而过的行人，尽量给对方一个笑容；如果平时不怎么喜欢笑，可以多观看一些喜剧片或笑话，强迫自己笑，慢慢地，笑就会变成一种习惯。

美国马里兰大学医学教授迈克尔·米勒教授说："大笑可以提高内啡肽水平，强化免疫系统，增加血管中的氧气含量。"对此，有关心理专家认为，健康的开怀大笑有以下六个好处。

1.燃烧卡路里，帮助保持身材

德国研究人员发现，大笑10~15分钟可以增加能量的消耗，使人心跳加速，并燃烧人体一定能量的卡路里，所以，大笑是保持身材苗条的最佳方式。

2.增加自身免疫力

大笑能够使一个人体内的白血球增加，促进体内的抗体循环，这些都能增强免疫能力,对抗病菌。同时,大笑还能够助于血液循环,加快新陈代谢,使人更加有活力。

3.减少心脏病发生的机会

科学家通过研究显示,那些喜欢大笑的人患心血管疾病的几率比较低,因为笑能够使人们的血液循环更好,血液的流通则可以有效避免有害物质的积聚,这样就减少了对血管的威胁,因此,笑可以使一个人的心脏更强壮。

4.能够为你带来好运气

一个喜欢笑的人,他的运气一定不会太差。因为笑容可以让一个人看起来更有魅力,更自信,同时,还能够促进自我价值感的上升,有助于人们克服困难。

5.笑是特效止痛剂

笑容是最自然、最不具副作用的止痛剂。当一个人大笑的时候,脑中的快乐激素—内啡肽就会释出,这能够缓和人体的各种疼痛。因此,一些患病的人会经常微笑,因为这可以减轻他们的病情。

6.能够赶走压力,消除负面的情绪

当一个人大笑的时候,身体会立即释放内啡肽,从而赶走压力,驱走内心的负面情绪,释放压力。即使强迫自己大笑,也会产生同样的效果。

当然,我们所需要的是健康的开怀大笑,这必须要有一些前提的条件。比如,高血压患者应该尽量避免大笑,否则会引起血压上升、脑溢血等;正处于恢复期的患者也要避免大笑,因为这有可能使病情发作;还有,当一个人在吃东西或饮水的时候也不要大笑,以免食物和水进入气管导致剧烈咳嗽,甚至是窒息。当以上阻碍都不存在的情况下,自己有了巨大的心理压力,或者内心郁积着负面情绪,不要跟自己较劲,不妨选择健康的开怀大笑吧!

第五节　听一段音乐，看一场电影也能将压力释放

　　缓解内心压力、发泄负面情绪的方法很多，其中不乏看看电影、听听音乐这样既轻松又恰当的方式。那些轻松、畅快的音乐不仅能给人带来美的熏陶和享受，而且，还能够使人的精神得到放松。所以，当你在紧张、烦闷的时候，不妨多听听音乐，让优美的音乐来化解精神上的压力和内心的苦闷。和音乐有着相同"疗效"的还有电影，曾经有位朋友这样说："每次心里感到苦闷的时候，我就看周星驰的《唐伯虎点秋香》，边看边笑，到现在为止，我已经记不清楚自己看了多少遍了。"电影之所以能带给我们轻松的心境，是因为音乐和电影有一个共同的特点，它们都是艺术。当一个人被负面情绪所困扰，感到精神压力巨大的时候，把自己置身于艺术的境界中，卸下心中的负担，就会发现，自己感受到一种前所未有的轻松，畅游在艺术的殿堂里就能忘记烦恼，使心绪变得平静，心境变得宁静，那些压力和愤怒都在这样的心境中慢慢释放，最终，我们的心回归到平静。

　　其实，音乐和电影逐渐成为了许多人发泄情绪、释放压力的方式之一，有了音乐和电影，就算一个人待在黑暗中也会感到心静，感觉到充实。有人曾遇到过一位信奉基督教的朋友，她这样讲述自己的经历："最近老是被烦心事困扰，心变得敏感而细腻，那天，回到住的地方，居然发现自己没有带钥匙，同住的朋友还没有回来，一个人站在空旷的过道里，除了恐惧，还有一点对朋友的憎恨。有趣的是，那天我正好带了圣经，无聊之余，我翻开了圣经，借着灯光朗读起来，还唱起了圣歌，后来，我的朋友回来了，这时，我心里已经回归了平静，不再抱怨，也不再生气。"音乐所带给我们的除了愉快，还有一份灵魂的寄托。

　　当然，音乐是具备选择性的，烦闷、愤怒时人们都更倾向于听自己最喜

欢的歌曲,其中,轻音乐是最好的一个选择,因为,它不像摇滚乐那样刺耳、嘈杂,更适合需要安抚情绪、心境的人。

轻音乐可以营造温馨浪漫的情调,带有休闲性质,因此又得名"情调音乐"。它起源于一战后的英国,在20世纪中期达到了鼎盛,在20世纪末期逐渐被新纪元音乐所取代,并影响至今。

当你轻轻地闭上眼睛,再放上一曲天籁之音,你就会发现那些不沾尘埃的一个个音符,静静地流淌着,它带走了一直压在心中的忧虑,让你的心灵在水晶般的音符里沉浸、漂净。清新迷人的大自然风格,返璞归真的悠扬旋律,如香汤沐浴,舒解胸中沉积不散的苦闷,扫除心中许久以来的阴霾,让你忘记忧伤,让身心自由驰骋。

在充满竞争的现代社会,每个人都会或多或少地遇到一些压力。可是,压力既可以成为我们前进的阻力,自然也可以变成动力,很多时候要看我们如何去面对。社会是不断进步,人在其中不进则退,所以,在遇到压力的时候,最有效的办法就是缓解压力。如果暂时承受不了,就不要让自己陷入其中,可以通过看电影、听音乐的便捷方式,让自己紧张的心情渐渐放松下来,再重新去面对生活,这时,你往往会发现压力并没有那么大。

除了听音乐、看电影等这样的具体方式,我们还需要调整心态。

1.以积极的心态来面对压力

有的人总是喜欢把别人的压力放在自己身上,比如,看到同事晋升了,朋友发财了等,自己总会愤愤不平:为什么会这样呢? 为什么就不是自己呢? 其实,任何事情,只要自己尽了力就行了,任何东西都是着急不来的,与其让自己陷入无谓的烦恼,不如以积极的心态来面对,努力调整情绪,让自己的生活更加丰富多彩。

2.解开心结

人们在社会生活中的行为像极了一只小虫子,他们身上背负着"名利权",因为贪求太多,把负担一件件挂在自己身上,不舍得放弃,却压垮了自己。假如我们能够学会放弃，轻装上阵，善待自己，凡事不跟自己较劲，这样，我们的压力自然就得到缓解了。

3.转移压力

面对生活的诸多压力，转移是一个最好的办法，当压力变得太沉重，我们就不要去想它，把注意力转移到让自己轻松快乐的事情上来。当自己的心态调整到平和以后，就不会再害怕眼前的压力了。

4.感激压力

人生不可能没有压力，若是没有压力，我们的人生就不会得到进取；没有压力，我们的生活或许会变得暗淡。因此，当我们尽情享受生活的乐趣时，应该对当初困扰我们的压力心存一份感激，因为有了压力，我们才走得更远。

第六节　炎热夏季，警惕"情绪中暑"

炎热的夏季来临了，一个词语也越来越流行了，那就是人们口中常说的"情绪中暑"。什么叫情绪中暑呢？科学给予了这样的定义：当气温超过了35℃、日照超过12小时、湿度高于80%时，气象条件对人体下丘脑的情绪调节中枢有着明显的影响，人们容易情绪失控，频繁发生摩擦或争执的现象，这被称为"情绪中暑"，或者叫"夏季情感障碍综合症"。随着天气越来越热，人们的脾气也越来越坏，常常因为一件小事就和他人发生口角。有了一点点响动，就变得神经紧张。心理学家说："每年到了夏天，因为情绪中暑前来问诊的人就超过了上千人，因情绪中暑入院的市民约占各大医院门诊数的5%左右，因此，情绪中暑已经成为了夏季常见病之一。"对此，随着夏季高温的到来，我们应该警惕"情绪中暑"。

随着炎炎夏日的到来，似乎在一夜之间，所有的人都成了随时能被点燃的"火药"。天气炎热，让我们感到不适的，不仅仅是气温，还有我们那随着气温升高而不断恶劣的坏脾气。王先生最近几天比较闹心，那天，他开车去上班，刚行驶到半路就和一个面包车司机吵了一架，后来回忆起这件事，王先生感到不可思议："当时，道路有点堵，本来我的心里已经很烦了，可后面那个面包车驾驶员还一直按喇叭。"因为这一次吵架，紧接着，在这一天，他先后和5名不同车辆的司机发生争吵。晚上回到家，王先生觉得心里很委屈，对着沙发都是一顿暴打。事实上，在炎热夏季，像这样的事情简直是举不胜举。

小曼是一家广告公司的设计师，这个周六，本来自己可以在家开着空调好好休息一天的，可是，她却被告知临时去公司加班。

那天，天气十分炎热，小曼走到公司时已经满头大汗，刚刚坐下，就接到了客户打来公司的电话。正在小曼与客户进行沟通的时候，上司又打电话来，原来，客户与上司的意见有了分歧，小曼感觉自己就快爆炸了。心中涌起一阵无名火，脑子一片空白，怒气之下，小曼拿起了椅子就朝着电脑显示器砸去，在场的同事们都惊呆了。后来，小曼向公司赔偿了600元，并且向公司请了两天假，安心在家休息，调整情绪。

一个人的情绪与外界有着极为密切的关系，尤其在夏天，一旦遇到了持续高温天气，人们就会受到这一环境的影响，其情绪也会发生变化。一般情况下，低温环境利于人的情绪稳定，一旦气温上升的幅度比较大，人的情绪就会产生大的波动。这不仅给人带来身体上的不适应，还会对心理和情绪造成负面影响。据统计，约有16%的人在夏季会发生"情绪中暑"。"情绪中暑"主要表现为：情绪烦躁，经常因为琐碎的小事情而对家人或朋友发火，自己也会感到心烦意乱，不能静下心来思考问题；情绪低落，对任何事情都厌倦了，觉得生活过得没劲，对身边的人缺乏热情；行为比较古怪，常常会固执地重复一些行为活动。

下面我们来做个小测试，看你是否情绪中暑，如果你符合下列情形中的5种以上，那么，我们将怀着同情告诉你，你已经在"情绪中暑"的边缘了：

（1）无论事情大小都会浮想联翩，很久都不能释怀。

（2）想做一件事情的时候，却很难集中注意力。

（3）即使是他人的一句轻言细语，自己也会觉得十分嘈杂。

（4）做事时常感觉到茫然失措，决断困难，效率十分低下。

（5）对某些事物或环境感到十分害怕，极力逃避，同时，却又觉得自己的行为十分荒唐。

（6）即使是很小的一件事情，也能使自己发很大的脾气。

（7）对什么事情都不感兴趣。

（8）面对未来，感到一片茫然。

（9）容易疲倦，感觉浑身无力，没有胃口，晚上经常失眠。

（10）心中反复出现许多念头，虽然知道这是多余的，但是，却难以自拔。

（11）时常感觉到头痛、腰痛、颈痛等等身体的不适。

那么，如何应对情绪中暑呢？造成情绪中暑的原因，主要是人体对环境的适应能力差，因此，在炎热的夏季，我们应该尽可能增加休息时间，注意饮食的调整，增加营养。此外，最关键的就是进行自我调节，比如，调整休息时间，及时补充水分，多食用开胃的食物，这样都有利于调整自己的情绪。对此，心理学家给了我们如下的建议：

1.多吃败火的食物

在日常的生活中，需要多食用清火的食物，多喝一些清水饮料，比如，新鲜蔬菜、水果、绿茶、啤酒、菊花露等。

2.少外出

在炎热季节，没有特别的事情应该减少外出的次数。当然，在室内休息的话，需要保持室内通风，以散去人体周围的热气，从而减少空气污染，保持身心"凉快"。

3.情绪转移

炎热夏季，如果遇到了不顺心或令人生气的事情，暂时不要去理睬它，冷静下来,听听音乐,或者做10分钟的"心情放松操"。

4.养成良好的作息习惯

每天,养成早睡早起和午休的习惯,保持充足的睡眠,才有足够的精力来应付生活以及工作。

5.保持乐观积极的心态

在平日的生活中,尽量保持平和、快乐的心态,以解热消暑、消除心中疲劳。若是感觉心烦气躁,可以通过一些方式来发泄,比如大吃一顿、找朋友聊天等来驱赶心中的怨气。

第七节　没有糟糕的环境,只有糟糕的心境

爱默生曾说:"一个人如果缺乏了热情,那是不可能有所建树的。热情像胶水一样,可让你在艰难困苦的场合里紧紧地粘在这里,坚持到底,它是在别人说你'不行'时,发自内心的有力声音——'我行'。"在这个世界上,没有糟糕的环境,只有糟糕的心境。一个人若是怀着糟糕的心境,不管他处于多么顺利的环境中,他也会感觉到苦闷;一个人若是拥有一份热忱、乐观的心境,那么,不管他处于什么样恶劣的环境,他依然可以过得快乐、幸福。其实,那些心中充满抱怨的人,往往是自己跟自己较劲,既没有办法接受现实,又失去了改变境遇的能力,从某种程度上来说,他们是可怜的。即使自己的处境再糟糕又能怎么样,抱怨能改变什么呢?既然不能改变环境,何不改变自己的心境呢?

美国前任总统亚伯拉罕·林肯在竞选参议员失败后这样说道:"此路艰辛而泥泞,我一只脚滑了一下,另一只脚也因而站不稳。但我缓口气,告诉自己'这不过是滑一跤,并不是死去而爬不起来'。"其实,阻碍我们前行的并

不是糟糕的环境,而是我们内心那份早已经发霉的糟糕心境。拥有良好的心态,才能够持之以恒地做下去,直到最后的成功,这样,再糟糕的环境我们也能坚定地走下去。

一位将军去沙漠参加军事演习,妻子塞尔玛需要随军驻扎在沙漠中的陆军基地里。沙漠干燥高热的气候,令塞尔玛感到很难受,而身边又没有可以倾诉的人,陷于孤独的塞尔玛经常给父亲写信,在信中透露出自己想回家的强烈愿望。然而,拆开父亲的回信,只有短短的两行字:"两个人从牢中的铁窗望出去,一个看到泥土,一个却看到了星星。"父亲的回信令塞尔玛十分惭愧,她决定要在沙漠里寻找星星。

从此以后,塞尔玛开始与当地人交朋友,彼此之间互相赠送礼品,闲来无事,她开始研究沙漠里的仙人掌、海螺壳化石。她慢慢地迷上了这里,还通过自己亲身的经历写了一本书《快乐的城堡》。

沙漠并没有改变,当地的印第安人也没有改变,那么,到底是什么使塞尔玛的生活发生了巨大的变化呢? 心态,当然是心态,以前有着糟糕心境的塞尔玛看到的只是沙土,当心态发生变化之后,乐观的塞尔玛在沙漠里寻找到了星星。通过塞尔玛的故事我们知道:在这个世界上,根本没有糟糕的环境,有的只是糟糕的心境。当你感到自己变得苦闷或烦躁的时候,不妨试着反省自己,那苦闷、烦躁的根源是否在于自己抱着一份糟糕的心境呢? 如果答案是肯定的,那么,尝试着改变自己的心态,放弃糟糕的心境,重新以乐观积极的心态面对,再来看待自己的处境,你会惊讶地发现,这个环境似乎并没有想象中那么糟糕。

乔丽是报社的一名记者,最近她接到了一份特殊的采访任务。当她拿到被采访者的资料时,她不禁有些难过,这是一个怎样的女人:丈夫早些年得重病去世了,欠下了大笔的债务,家里有两个孩子,还有一个带有残疾。女人只是在一家小型的工厂里当一名女工,微薄的薪水养着整个家,还需要还债。乔丽一下午都坐在家里,想着:她家里不知道是什么样子? 女人和孩子都蓬头垢面,满脸悲苦,又黑又潮的小屋里没有一点鲜活的色彩,自己去了,也许只会不断地听到哭诉。

那个周末,乔丽满怀同情,按着地址找到了那个女人居住的地方。当她站在门口,有些不敢相信自己的眼睛,她甚至怀疑自己找错了地方,于是又向女主人核实了一遍。确认无误之后,她再开始重新打量这个家:整个屋子干干净净,有用纸做的漂亮门帘,墙上还贴着孩子上学获得的奖状,灶台上只放着油盐两种调味品,但却把罐子擦得干干净净,女人脸上的笑容就像她的房间一样明朗。乔丽坐在垫上报纸的凳子上,热情的女人为她拿来了拖鞋,乔丽看见那鞋居然是用旧的解放鞋的鞋底做的,再用旧毛线织出带有美丽图案的鞋帮。

当女人也一起坐下来,乔丽不禁有些好奇她是怎么把这个家打理得这样舒适的,女工一边干着活,一边微笑着说:"家里的冰箱洗衣机都是隔壁邻居淘汰下来送给自己的,其实用的也蛮好的;工厂里的老板同事也都很照顾我,还会让自己把饭菜带回来给孩子们吃;孩子们也很懂事,做完了一天的功课还会帮忙干家务活……"

乔丽听着听着,眼睛有些湿润了,感叹道:"虽然你所面临的环境是糟糕的,但是,你的心境并不糟糕。"这并不是同情,而是一种赞叹,赞叹女人的坚强,更赞叹女人的乐观。

可能在常人看来,女工所处的环境都是相当糟糕的,但是,拥有积极乐观心态的女工却用自己微薄的薪水打理出了一个干净而温馨的家。或许,在我们的生活中,常常会发生许多不如意的事情,不管我们接不接受,它都会如期而至。对我们而言,需要做的是:既然我们不能改变糟糕的环境,那么我们就调整我们的心境,改变那些我们能改变的,接受那些不能改变的状况。当你总是怀着乐观的心态去面对生活的时候,你会惊讶地发现,事情并没有想象的那么糟糕,无论多大的困难与挫折,都不足以毁灭我们心中的希望。只要心中有梦,希望就在,而我们会发现世界竟是那么美好,生活处处充满了阳光。

第八章

学着把"闷气"吐出来，善待自己才快乐

智者说："一个快乐的人，不是因为他拥有很多，而是因为他计较得少。"喜欢生"闷气"的人，其实是在跟自己过不去。要想获得久违的快乐，请学会善待自己，把心中的"闷气"吐出来，不要跟自己过不去。调整情绪时可以听听音乐，放松自己；烦躁时做做运动，放松自己；得意时平静心绪，修炼自己；失意时休养生息，淡化自己。只有善待自己，我们才会获得快乐。

第一节　善待自己，不要让闷气憋在心底

《圣经》中记载，犹太民族史上的伟大君王所罗门说："不轻易发怒，胜于勇士。"然而，在现实生活中，许多人在生气时不想发泄愤怒情绪，总是爱生闷气。虽然，这样的人也是不轻易发怒，但是，却不是真正的勇士。生闷气可是一个很不好的习惯，生闷气其实是自己和自己过不去。那些真正的勇者，他们在生气时懂得自我调节、自我解脱，遇到烦闷的事选择不想它或驱赶它；而喜欢生闷气的人则不是这样，他们常常把那些毫无理由的怨恨留在自己的心里，深陷其中而无法自拔。那么，这不等于是自我折磨吗？其实，生闷气并不是由于生活中遇到了不幸事件、不如意的事情，更多的时候是人们主观上的弱点造成的。我们通常会发现，那些性格内向的人往往爱生闷气，他们在遇到不顺心的事情，不愿意去诉说、发泄，常常感觉到苦闷、焦虑，使那些不愉快的情绪郁积在心中。事实上，闷气的症结在于内心的不快没能得到及时的发泄，因此，要学会善待自己，合理调整自己的情绪，千万不要让闷气在心口难开。

何谓闷气？它是由于心中郁闷而憋在心里的气，是一种无奈、没办法的表现。古人曰："百病之生于气也。"常言道"怒伤肝，忧伤肺"，那些郁积在心中的不愉快情绪使内脏活动紊乱、内分泌系统失常、胃口不佳、消化不良，而且，长时间的烦闷还会导致血压升高，甚至导致冠心病。另外，从心理学上说，生闷气是一种不愉快的情感体验，它是一种消极的甚至会破坏正常情绪的反映。一个人若是情绪恶劣，其记忆力将会减退，思维能力也大受影响，同时，喜欢生闷气还会影响到一个人的正常人际交往。试想，一个人总是闷闷不乐，怎么会交到朋友呢？

　　王女士在一家外企公司工作，经过几年的打拼，现在，她已经担任了公司的重要职务。可是，前不久公司部门来了一位年轻的同事小娜，小娜浑身洋溢着青春的活力和干劲，并在很短的时间内就得到了公司上下的肯定。王女士逐渐感觉到小娜的到来对自己所造成的严重威胁，似乎老板总是有意无意地在王女士面前提到小娜的能力，这让王女士的心情一度低落，同时，心里还憋着一肚子闷气。在这样的情绪状态下，王女士整天不能全身心地投入工作，有时候，由于心里焦虑过度，还会在工作中犯些小错误。

　　或许是因为工作上的不顺心，没想到自己的身体状况也出现了问题。在最近的一段时间里，王女士总感觉到自己的右侧乳房胀痛，前两天用手一摸还有肿块。在医院，医生为王女士做了相关检查，经过检查得知，原来自己是患了乳腺小叶增生。王女士感到十分苦闷，那些不顺心的事情总是找上门。无奈之下，王女士干脆向主治医生倾诉了自己的烦恼，没想到，医生只是奉劝一句："首先，你不要生闷气，这样对你的身体恢复才会有帮助。"

　　王女士百思不得其解，这病怎么会跟生气有关呢？医生对此做了详细解释："其实，引起这种疾病的原因很多，但主要跟内分泌失调或精神情绪有密切关系，其中，一个重要的因素是情绪不稳定、精神紧张、喜欢生闷气。当你的情绪总是处于怒、愁、忧等不良情绪状态时，就会导致肿块和某些囊肿的产生。"王女士明白了，向医生询问："可是，我该怎么办呢？"医生建议："保持心情舒畅、乐观是最好的办法。你要学会自我调节、缓解心理压力，消除各种不良情绪，要学会宣泄，不要将闷气郁积在心里，可以向家人、朋友倾诉，以排解心理压力。"

　　有时候，我们根本没有想过身体的疾病会跟心中的闷气有关，事实上，郁积在心中的闷气常常会成为我们身体疾病的根源。喜欢生闷气的人时常会感到孤单，生活十分消沉，在他们的心里好像有一块沉重的大石头压得他们喘不过气来。越是生闷气，石头就变得越坚硬，无论如何都不能将它搬掉，只能让它憋在心里，憋得人都快发疯了。现代社会竞争激烈，工作和生活压力都非常大,这不仅影响家庭关系、同事关系、朋友关系,而且如果自己不能妥善处理这样一些矛盾,那些心中的闷气就会影响正常的生活和工作。

张太太曾受过刺激,性格比较内向,不爱发脾气,什么事情都能忍耐,即使与家人发生了矛盾也一声不吭,总是一个人默默承受。但是,张太太如此坚强的意志不仅不能帮自己渡过难关,反而使自己身体上的疾病越来越多,刚开始是右腹出现不适,随后就出现了失眠、消化不良等一系列症状,直至后来患上癌症。

其实,许多人长期面对压力找不到"泄洪口",只是自己生闷气,结果就闷出病来。对此,心理专家建议,如果性格内向的人出现了心理问题,需要及时找心理医生治疗心病,否则一些身心疾病就会不请自来。

憋在心里的气,就像一朵将要怒放的花,却被活生生地在还是花苞时摘下。在生活中,有什么事情,总是一个人憋在心里,不愿意去说,也不愿意去闹,把不愉快的事情藏在心里,越积越多,最后,只有等待原子弹爆发的那一天。有人说:"心中藏了太多事情的人,总是痛苦的。"我们通常所说的那些脾气太好的人,可能都是憋出病来的,可是,当有一天,自己快憋死了,会有人来可怜你吗?善待自己,调整情绪,将心中的闷气发泄出来,这样,我们才有可能回归正常的生活。

第二节 生气了不要否认,学会调整自己的心情

华盛顿·欧文说:"气度狭小就被逆境驯服,宽宏大量则足以把逆境征服。"因此,我们在生气时不要否认、压抑,要懂得接纳并调整自己的心情。在日常生活中,我们常常会说到"发脾气"和"生闷气",这两者之间有什么区别呢?发脾气,是指用语言、动作等显性行为将那些对某人或某事不满的情

绪发泄出来，这是生气时的外在表现；生闷气，是指将那些不愉快的情绪压抑在心里，不外露，也就是赌气，这是生气时的内在表现。虽然从表面上看，无论是"发脾气"还是"生闷气"都是生气，但是，它们的表现方式却大有不同。由于表现方式的差异，将直接导致其后果的不同，或许有人认为发脾气会伤了彼此的和气，但是，如果我们发泄的前提是为了对方好，伤了和气又能怎样呢？大量事实证明，人与人之间的关系并不如想象中的那样和睦，如果有什么不开心的事情就一味地生闷气，对方就永远不知道你的真正情绪是什么，而且，生活中有一些吵闹也并不是一件坏事。

有一位被大家公认"好脾气"的人这样说道："其实，每次看到令我感觉不好的人和事，我内心都相当地生气，但是，我极力克制自己，不断告诉自己'要保持自己的形象，千万不要发脾气'。结果，每一次我都忍耐了下来，可是，时间长了，我发现，由于心中闷气的郁积，我的脾气越来越大。一点小事就可以让我的情绪变得无比激动，可又不好当场发作，常常是事情过去以后，我就气得砸东西。虽然，我是公认的'好脾气'，但是，好像我已经陷入了恶劣情绪的漩涡了。"也许，总有一天，这位"好脾气"先生会忍不住爆发，而到那时他自己也会成为闷气宣泄的陪葬品了。

小萌刚刚大学毕业，尚不懂得如何讨上司欢心、如何恰当处理同事关系，但是，当她找到了第一份工作的时候，父亲这样告诉她："丫头，公司不比家里，在家里，我和你妈妈都会让着你，你生气了可以砸东西，大哭，甚至大骂，但是，在公司是绝对不行的。凡事需要忍耐，这样你才能赢得上司和同事的喜欢。"小萌点点头，踏着欢快的脚步走进了公司大门。

可是，两个月不到，小萌的脚步就变得无比沉重了。似乎自己在公司真的做得很好，大到公司老总，小到清洁阿姨，都对小萌十分喜欢。因为小萌的脸上时刻挂满了笑容，从来不生气，从来不指责谁。同事都忍不住夸赞小萌："你的脾气真好，刚才这件事明明是主管自己疏忽了，他那样责骂你，你还能笑容面对，换了是我早就和主管对骂起来了。"小萌笑着点点头，心里在想：我的脾气也不好啊，当时，我真想拿着文件朝他脸上砸去了。可是，这毕竟是公司啊，不是在家里，这里不是可以撒野的地方。于是，这样每天都需要伪装笑脸、强忍怒火的日子里，让小萌感觉到很累，每次回到家里，小萌都忍不住发泄一番，心中的苦闷不知道向谁诉说。终于，在难忍之下，小萌拖着疲惫的身子走进了心理咨询室的大门。

其实，人生在世，我们难免会遇到一些不顺心的事情，哪怕是一家人，也免不了"锅碗碰瓢盆"，于是，有人会生点气、发发牢骚，这是很正常的。在生活中，看不惯某些人和事，偶尔闹点情绪，埋怨、指责，这也不足为奇。而最不可采纳的一种状况是，不声不响将不满情绪憋在肚子里，因为，生闷气是一种极坏的生活习惯，不仅消耗自己的精力，而且还会引发疾病，影响身心健康。在三国时期，周瑜一个人生闷气，结果白白断送了自己的性命。这说明喜欢生闷气的人能力不够强，不善于调节自己的情绪，在一定程度上缺少一些谋略。

生气、发怒并不是一件坏事，毕竟人有七情六欲，总不能强制压抑，这样怒气会变成闷气，反而更容易爆发崩裂。如果能够释放心中的怒气，发泄不满情绪，解除烦闷，反而使身心感到轻松愉快。在某些时候，该发脾气就发脾气，不需要压抑自己的情感，因为不适当的压抑，就有可能形成生闷气的习惯，结果会适得其反。当然，生活中的我们应该少生气，如果真的到了"怒不可遏"的地步，那就干脆痛痛快快地发泄出来，这样有利于情感的释放，有益于身心健康。

现今，一些国外专家研究表明，发脾气比生闷气好。虽然，在大多数人看来，发脾气有损自己的修养和形象，似乎这是一件伤大雅的事情。但是，科学家却对此公布了一项研究结果：当人感到气愤而想发脾气时，如果能够及时宣泄出来，会有利于自己的身心健康。其实，生闷气对我们的身体有极为严重的伤害：一方面，经常生闷气不利于心脏的健康；另一方面也会影响我们身体的免疫系统的正常工作，从而引起大脑内的激素变化。对此，专家建议,与其闷在那里自己和自己生气,不如宣泄心中不满情绪,懂得接纳生气的自己,努力调整自己的情绪,这样会更有效地减少外界环境对人所产生的不利影响。

第三节　向你的知己倾诉,朋友会为你分担一些闷气

有了烦恼、怒气,若不及时宣泄,必然会变成闷气。因此,当自己愤怒时,或者闷气郁积的过程中,我们需要及时地将那些不满的情绪宣泄出去。当然,宣泄情绪的方式有许多种,而向他人倾诉也是其中一种行之有效的方式。一个人生活在这个世界,必然构建了一定的人际关系,有我们的家人,有我们的朋友,有我们的老师等,这些都可以成为我们的倾诉对象。倾诉内心的烦恼,他们会为自己分担一些闷气与愁绪,彻底溶解那些闷气的根源。可是,在现实生活中,许多人面对他人谈论自己的事情却总是忌讳莫深,似乎伪装的面具就是坚强,无论自己多么烦恼,多么生气,也不愿向他人袒露心声,宁愿自己一个人死撑着,直到有一天因为闷气而爆发,朋友才惊讶:"原来他心中藏着这么多不为人知的秘密。"为了不让自己生闷气,学会倾诉吧,向自己的知己好友倾诉,你会收到意想不到的欣喜。

英国思想家培根说过:"如果你把快乐告诉一个朋友,你将得到两个快乐。而如果你把忧愁向一个朋友倾吐,你将被分掉一半的忧愁。"分担——是一件有趣的事情,可以让我们的快乐加倍,让我们的痛苦减半。当你发现自己被那些怒气缠绕,而且无力摆脱的时候,千万不要让它憋在心中,要学会宣泄情绪,学会向知己好友倾诉心中的烦恼,让自己摆脱闷气的缠绕。面对不良情绪,唯有主动释放,理智宣泄,才不会影响到自己的身心健康。

夜晚快到凌晨了，李太太家里的电话铃声突然响了起来，李太太拿起电话："喂，你是哪位?"电话里传来了一个妇女的声音："我恨透了我的丈夫。"李太太感到莫名其妙："我想，你打错电话了。"但是，对方似乎没有听见，依然继续说下去："我一天到晚照顾两个孩子，他还以为我在偷懒，有时候我想出去见见朋友他都不肯，自己却天天晚上出去，跟我说有应酬，鬼才会相信呢。"李太太打断了对方的话："对不起，我不认识你。"那位妇女生气地说："你当然不会认识我了，这些话我怎么能对亲戚朋友讲，到时候肯定会搞得满城风雨，现在我说出来了，舒服多了，谢谢你。"随后，那位妇女就挂断了电话。

虽然，这位妇女的做法显得十分荒唐，但是，我们却从中发现，一个被不良情绪所困扰的人，他们其实很想把心中的忧愁和苦闷做一番倾诉，哪怕对方只是一个陌生人。在电影《2046》里，梁朝伟所扮演的角色将自己内心的秘密对着一个树洞倾诉，不难发现，每个人都有一种倾诉的欲望。有时候，心中的烦闷可能是关于隐私之类的话题，那怎么办呢? 事实上，我们应该明白，在任何时候，知己好友都是我们心灵的伴侣，在朋友面前又有什么可丢脸的呢? 当然，向朋友倾诉自己的烦恼时，我们需要选择值得相信的朋友。只要我们需要他们的时候，朋友对于我们来说无时无刻不在身边。当自己遇到了不顺心的事情，可以拨打电话给朋友，向他们道出内心的烦闷，甚至可以在朋友面前发怒、哭诉，尽情宣泄心中的不良情绪。

李芳才三十岁，就独自经营了一家大型企业，或许在旁人看来，李芳已经获得了人生的成功。可是，又有谁能知道李芳心中的苦闷呢? 在李芳的家里，是属于男主内女主外的模式，老公在家带孩子，自己在外奔波辛苦。刚开始的时候，老公心中总满怀愧疚，常常告诉李芳："老婆，你一个人太辛苦了，都怪我，没本事。"对此，老公对家里全身心地付出，包揽了家里所有的家务，从不让李芳操心，这让李芳感到由衷的欣慰。可是，好景不长，时间久了之后，老公变得越来越懒，连家务都派遣给保姆，整日游手好闲。如果李芳说他一两句，老公就会反驳："我一个大男人在家里多辛苦，出去放松放松又怎样？"这时，李芳就住口不语，两人关系越来越恶劣。

每次回到家里，李芳都感到身心疲惫，满腔怒火，却找不到地方发泄。每天晚上，如果老公直到凌晨还没回家，李芳就气得在家里砸东西，可是，发泄过后，老公回家了，李芳就像没事一样。这样时间长了，李芳心中闷气越积越多，作为公司董事长，她又不好在员工面前发脾气，只能憋在心里。偶尔想到了朋友们，又不好意思开口。即使碰到朋友主动问道："李芳，最近有什么烦心事吗？怎么看你脸色不太好？"李芳也总是推托两句："没事啊，一切都挺好的，可能是工作太累了吧。"可是，没过多久，朋友就闻讯了李芳自杀未遂的消息，听闻此消息，大家都大吃一惊。

有人说："一个人如果有朋友圈子，就能长寿20年。"的确，向朋友倾诉内心的烦恼是排除不良情绪的有效办法。当自己有不良情绪出现时，有可能会越想越愤怒，越想越伤心。这时，若是约个朋友，将自己心中的郁闷之气尽情地倾诉一番，在朋友那里寻求支持和解答，从而获得一种心理上的平衡。俗话说："当局者迷，旁观者清。"或许，那些对于自己来说，不能解决的问题，在朋友的劝解之下，自己可能就会茅塞顿开，这样，心中的闷气就会得到最大限度的宣泄。对每一个深陷烦恼的人来说，朋友的倾听和理解才是最好的安慰剂，向朋友倾诉，不仅使郁闷情绪得到消减，心灵得到沟通，而且，在倾诉的过程中还能增强友谊，分享快乐。

第四节　闷气让你郁郁寡欢，寻找让自己放松的方式

法国作家大仲马说："人生是一串由无数的小烦恼组成的念珠。"在日常生活中，烦恼、怨恨、悲伤、忧愁或愤怒等不良情绪都是常见的情绪反映，而

闷气是生气的内在表现。一个人生闷气的时候，实际上等于整个人都陷入了不良情绪之中，容易产生孤独感，缺乏积极进取的精神甚至患上抑郁症。总之，闷气让一个人变得郁郁寡欢，因此，我们需要寻找让自己放松的方式。在电视剧《北京人在纽约》里，面临破产的威胁，失败的阴影来袭的时候，王起明一边开车一边高唱"太阳最红……"获得了心灵上的暂时放松；在日本，每年都要举办一次呐喊比赛，那些情绪不满者向远处的大山大喊大叫，以发泄心中的怒气。或许对于每一个人而言，他们都有着不同的放松方式，但是，我们最终的目的是赶走郁积在心中的闷气。

培根说："无论你怎样表示愤怒，都不要做出任何无法挽回的事来。"美国前总统林肯如果在外面和别人生气了，回到家里就会写一封痛骂对方的信，当家人第二天要为他寄出那封信的时候，林肯会极力阻止："写信时，我已经出了气，何必把它寄出去惹是生非。"如何面对心中的种种不良情绪？当然是要合理地宣泄，放松自己。一位年轻女孩来到心理咨询中心，说道："前两个月我被公司解聘了，心里很恼火，不愿意见人，整天就待在家里，憋得心慌，内心也变得更加痛苦，有什么办法能够摆脱这样的处境呢？"心理医生这样建议："你这样的状态要赶紧调整，否则时间长了就会变得郁郁寡欢，寻找一种让自己放松的方式吧。"

里根是一个性格温和的人，但是，有时候他也会发脾气。当他生气的时候，就会把铅笔或眼镜扔在地上，然后很快就能恢复情绪。有一次，里根对侍从人员说："你看，我在很久以前就学会了这样一个秘诀：当你生气时，如果控制不住自己，不得不扔掉一些东西来出气，那么就要注意把它扔在你的面前，一定不要扔得太远了，这样捡起来就会省力很多，捡起了东西，心情自然也就放松了。"

其实，所谓的放松方式就是发泄心中的烦恼，无压力地宣泄不满情绪，将心胸放开，这样就会减少一些不必要的烦恼，而且，避免了将不良情绪感染到其他人。有一位商人在谈到自己放松的方式时说："当我自知怒气快来的时候,便会不懂声色地想办法离开,跑到自己的健身房。如果我的拳师在那里,我就跟他对打;如果拳师不在,我就猛力地锤击皮囊,直到发泄完自己的满腔怒火,整个人轻松下来为止。"愤怒是由于心理上失去了平衡,或者是自己的要求和欲望没能得到满足。因此,我们可以转移心境,寻找一种可以使我们轻松下来的方式,这样,怒火自然就会被浇灭了。

《吕氏春秋》中记载了这样一个故事:

齐文王患了忧虑病,没能找到正确的治疗方式,时间长了,病情越来越严重,甚至,到了卧床不起的程度。这时,大臣建议请名医来诊断病情,于是,齐国派人到宋国去请来名医文挚给予医治。文挚查看了齐王的病情,判断出必须采取一定的方式来赶走病人心中的闷气,但是,顾虑到这样会触动齐王而惹来杀身之祸。对此,齐国太子向文挚保证,无论如何都会保证医生的安全。于是,与文挚约好了看病的时间,但是,文挚却连续三次失约,齐王虽在病床上,却对此十分恼怒。

后来,文挚终于应约而来,但是,他不拖鞋就上床,践踩齐王的衣服问病,气得齐王不搭理他。这时,文挚用粗话刺激齐王,齐王终于按捺不住,翻起身来就大骂,没想到,齐王的病却因此好了。

所谓"怒动其身形、冲破忧伤烦闷的不良情绪。",有人在愤怒时暴跳如雷,面红耳赤,实际上,这就是一种能量发泄。人们常说:"言为心声,言一出,心便安。"积极的能量发泄可以采取唱歌、呐喊等方式,另外,哭泣也是一种行之有效的方式。据调查,85%的妇女和73%的男人在他们哭过之后,心情就会好一些。威廉菲烈博士说:"哭可以将情绪上的压力减轻40%,哭是健康的行为,值得鼓励。"

同时,将心中的烦闷写出来,这也是一种自我放松的方式。比如,写诗、写日记都能够有效地发泄郁积在心中的闷气,使情绪恢复到平静。从心理学上说,适当发泄长期积压的闷气,可以减轻或消除心理疲劳,使我们变得轻松愉快。闷气就像夏天暴风雨之前的沉闷空气,需要我们适当发泄,这样才能净化周围的空气,缓解心中的紧张情绪。闷气,只会让我们变得越来越抑郁,想要自己获得全身心的轻松,就必须寻找一些轻松的方式,发泄不满的情绪,驱赶心中的闷气,将自己解脱出来。

第五节 将自己对他人的"闷气",用委婉的方式表达出来

闷气积压在心中久了,就像等待迸发的岩浆,从里到外都是滚烫的,很容易伤害到他人。在生活中,若不及时消除心中的闷气,就会对自己或他人造成巨大的伤害。或许,我们常常看不惯某个人的习惯,讨厌某个人的说话以及行为方式,但出于颜面或自尊没有办法向对方说明,而我们却不能制止心中那股"闷气"的不断滋长,直至最终崩溃。事实上,每个人都欢迎不同的意见,比较而言,他们会更不喜欢不声不响就生自己气的人。所以,如果你对某个人生了"闷气",不要放在心里,试着用委婉的方式表达出来,化"闷气"于无形,才能更好地解决问题。

传统的中国人似乎更倾向于生闷气,他们更容易被消极情绪所影响,愤怒的情绪就像洪水一样,堵不如疏。心中有了闷气,我们就要想办法疏通,试着自我调节,生气时寻找合适的渠道,适当地表达自己的真实感受。否则,只生闷气会影响彼此之间的感情。有时候,对一个人生气,刚开始时可能大多是不满情绪或愤怒的"小气",但是,由于郁积在心中的矛盾一直没能得到解决,两人之间的关系越来越恶劣,结果使矛盾更加严重。"小气"逐渐滋长为"大气",甚至,还会引发一系列悲剧。

去年,王先生举家搬到了繁华的深圳市区,原以为以后的日子会越过越好,但是,没想到了由于孩子的教育问题,他时常与老婆发生矛盾,两人关系

日益恶化。王先生性格比较内向，不善言辞，每次吵架都说不过能说会道的老婆，因此，每次吵架之后，他就一个人到卫生间里生闷气。

那天，王先生在家里等着儿子回家，等了很久还是不见回来，生气的王先生开始不由自主地埋怨老婆："看天这么晚了，孩子还没回家，都是你惯出来的。"老婆不甘受到王先生的责怪，两人就又吵了起来，不一会儿，从网吧回到家的儿子看见爸妈正吵得不可开交，索性躲进屋里玩电脑。吵了半天，两人都疲倦了，老婆不再搭理王先生，到卧室躺在床上就睡觉，王先生的气还没有消，于是，他把自己关进厕所里闷头抽烟，一边抽烟，一边思索，却越想越生气，心中的怒气像快要喷出的岩浆，阻拦不住。

过了几个小时，王先生突然从厕所里出来，气愤地大吼："这日子没法过了，还不如一把火烧了干净。"说完，王先生就摔门而去，过了好一阵子，他回来了，手中提着沉甸甸的汽油，吓得老婆孩子夺门而逃。这时，家中已经是浓烟滚滚，王先生站在屋门口放声痛哭了起来。

王先生对老婆有相当深的"闷气"，但是，他并没有委婉地表达出自己的意见，反而是短兵相接，导致两人的矛盾越来越严重，直至最后点燃了自己心中长久以来的"闷气"，原子弹终于爆炸了，也留下了悲惨的结局。其实，对他人生闷气不仅不能解决问题，反而会招致更严重的后果，特别是夫妻之间，更是如此。夫妻两人如果有什么矛盾，可以敞开心扉，吐露自己的真实想法，如果对方有某些行为让自己生气，我们也可以委婉地向对方表明，这样一来，矛盾弱化了，心中的闷气自然也就消失了。

老伯的老伴前不久去世了，现在，他常常一个人闷闷地坐在那里，眉头紧蹙着，似乎总是在生气。如果有人跟他打招呼，他也回一个微笑，接着，老伯就会打开话匣子，开始说起自己的儿子、女儿、媳妇的种种不是。那些抱怨的话，别人也不好插嘴，只能静静地听，大家都感觉到，这是一个多么难相处的老人家啊！

有一次，老伯正在进行冗长的抱怨，旁人问道："你有没有跟儿女讲过你的这些不满呢?"老伯愣了一下，大声说道:"这还要跟他们讲吗？他们是做子女的，自己当然要知道父母的不满啊！只有那些不孝顺的才需要我讲。"旁人呆住了，老伯接着说:"他们要是没顺我的意思，我就不跟他们讲话，叫我爸爸，我也不搭理，这样一来，他们就会怕我，就不会不孝顺我。如果不怕我，就不会孝顺我，就会放我一个人自己住，那时，我就可怜了。"说着，老伯似乎露出来一丝微笑:"现在，我已经三天都不理他们了，媳妇叫我的遍数就更多了。"

这的确是一个喜欢生"闷气"的老伯，在他那固执而又蛮横的逻辑里，似乎总是自己在跟自己生气。老伯没有赢得预期的对待，就学会用自己的情绪去勒索他人。事实上，这是一种极为不恰当的做法，生闷气只会把自己推向孤立无援的境地。如果这位老伯能够委婉地说出自己的情绪和想法，对儿子、媳妇与女儿表达关心，那么，一家人是可以和睦而温馨地相处的。试着放下自己对他人的"闷气"，如果自己心中真的有什么想法，那就委婉地告诉对方，将自己的情绪反应如实地告知对方，这样对方才能清楚地知道你到底为什么而生气从而改善自身的不足。这样，既可以解决与他人之间的问题，还可以溶解心中的闷气，使自己的情绪回归平静。

第六节　幽默地打趣，也许能轻松化开自己心中的郁结

16世纪法国人文主义思想家，米契尔·蒙田说:"自责往往被人信以为真，自赞却不会被人相信。"每个人的心里都好像有一架敏感的天秤，稍有变化就会失去原来的平衡，而运用幽默的智慧，可以使心里的天平保持平衡，同时，也能表达出自己心中的苦闷。如果真的到了怒气无法遏制的时候，也

可以采用"幽默发脾气法"来缓解心中的怒火，比如，父母帮子女操劳家务，而子女吃完了饭却离开了，连碗也不洗，父母心中肯定不舒服，这时候，父母可以说上一句："领导，我这个服务员今天病了，是不是可以请个病假呀？"这样，既委婉地将自己心中的不满传递了过去，又能让子女们意识到自己的不对之处，同时，语气诙谐幽默，更容易让他们接受。事实证明，幽默地打趣，能轻松地化开自己心中的郁结。

心理学家认为：一个人的身体状态是受其心理和精神状态所影响的，大约有一半以上的疾病都是由心理和精神方面引起的。所以，保持心理平衡对我们的身体健康特别重要。在日常生活中，每个人都会遇到一些使人十分难堪的局面，当这些窘境来袭的时候，该如何冷静面对，又该如何调整自己的情绪呢？其实，幽默就是一剂平衡自我心理的灵丹妙药。有一位很胖的女孩，她最怕听到"窈窕淑女，君子好逑"这句话，感觉这是对自己莫大的讽刺。后来，她逐渐调整了自己的心态，心想：胖有什么呢？她开始不计较人们的言论，也不再为那些言语而自卑，还总是幽默地说："我胖是胖了点儿，但我很健康。"

在古代，有个文人，名叫梁灏，他曾在少年时立下誓言，不考中状元誓不为人。可是，最终由于时运不济，屡试屡败，受尽了人们的讥笑。不过，梁灏本人并不在意，他总是幽默地说："考一次就离状元近了一步。"在这样乐观而幽默的心理状态下，梁灏从后晋天福三年就开始考试，先后经历了后汉、后周，直到宋太宗雍熙二年才考中状元。对此，梁灏写下了这样一首诗："天福三年来应试，雍熙二年始成名。饶他白发头中满，且喜青云足下生。观榜更无朋侪辈，到家唯有子孙迎。也知少年登科好，怎奈龙头属老成。"幽默伴随着梁灏走过了漫长的坎坷，终于走向了成功，实现了当年的誓言，不仅如此，幽默而乐观的性格让梁灏活过了古人难以逾越的九旬高龄。

智者认为："愤怒或生气都是自己跟自己过不去。"其实，任何事情都不像自己想象中的那么糟糕，没有必要一直在心里对此耿耿于怀，生气或愤怒不过都是对自己的惩罚罢了。如何来抑制内心的愤怒而保持平和的情绪？林则徐给了我们正确的答案，他习惯于在堂上挂着"制怒"的字匾，在自己愤怒还没有发作的时候，看到这两个字就能及时有效地控制住自己的怒气。很多美国人都认为：能够抑制愤怒情绪的最佳法宝就是幽默。

南北战争时期，一次，一位军官急匆匆地行走着，没料到，在作战部大楼的走廊上却一头撞到了林肯的身上。当军官看清被自己撞的是总统先生的时候，立即赔不是，那位军官恭敬地说道："一万个抱歉！"林肯诙谐地回答道："一个就足够了。"接着，林肯补充道："但愿全军的行动都能够如此迅速。"面对军官无意的过错，林肯没有生气，反而以幽默来化解军官的尴尬。

后来，在一次有关兵力问题的讨论中，有人问林肯："南方军队在战场上有多少人？"林肯回答说："有 120 万人。"由于这个数字远远超过了南方军队的实际兵力，那些参与讨论的人脸上满是惊愕与疑虑，对林肯这样冒失说出的惊人数字感到有点不解和愤怒。接着，林肯解释说："一点也不错，的确是 120 万人，你们知道，我们的那些将军们每次作战失利之后，总是对我说寡不敌众，敌人的兵力至少是我们军队的 3 倍，虽然，我不愿意相信他们，这样一来，南方的兵力无疑是增加了 3 倍，现在我军在战场上有 40 万人，所以，南方军队是 120 万人，这是毫无疑问的。"

似乎，一切的争吵和纷争都来源于情绪。生活在这个世界，每天我们都会面对不同的情绪，似乎情绪已经主宰了我们的一切。但是，当愤怒遇到了幽默感，那不满的情绪便会自然而然地消失。在一次舞会上，一位身材较矮的男子去邀请一位身材高挑的女孩跳舞，那位女孩直接拒绝："我从不与比我矮的男人跳舞。"男子听了没有生气，只是淡淡一笑，幽默地说："看来我真是武大郎开店，找错了帮手？"那女孩脸红了，浑身不自然起来，男子运用幽默的打趣走出了窘境，将尴尬还给了那个伤害自己的女孩。

著名漫画家韩羽是秃顶，对此，他写了这样一首诗："眉眼一无可取，嘴巴稀松平常，唯有脑门胆大，敢与日月争光。"有时候，幽默是对自己缺陷的夸张，能够表现出一个人坦诚的品格，从而得到别人的信赖和好感。另外，吃亏是福，调节一下自己失衡的心理；在一些并非原则的问题上，装装糊涂，为自己的心灵增加保护膜，可以适当幽默一下。幽默是宣泄积郁、制造心理快乐的一种良方，一个人若是善于运用幽默的表达方式，就会使自己拥有平和、健康的心理。

第九章

将嫉妒之气化为志气，拼搏出别样的天地

法国科学家拉罗会弗科曾说："嫉妒是万恶之源，怀有嫉妒心的人不会有丝毫同情。"嫉妒是心灵的地狱，喜欢嫉妒的人总是拿别人的优点来折磨自己。有可能是嫉妒他人的年轻，有可能是嫉妒他人的长相，有可能是嫉妒他人的才学……正如一句谚语所说"好嫉妒的人会因为邻居的身体发福而越发憔悴"。由于缺乏自信，他不希望别人比自己优越；因为自私，他总是想剥夺别人的优越。然而，在人生的道路上，我们要善于将内心的嫉妒之气化为志气，拼搏出别样的天地。

第一节　嫉妒之气来源于你心底的狭隘与不自信

法国批判现实主义作家巴尔扎克说："嫉妒潜藏在心底，如毒蛇潜伏在穴中。"嫉妒的人一定是自私的，而自私的人肯定有着嫉妒的心理，嫉妒和自私就犹如孪生兄弟，彼此不可分割。如果一个人的内心不自私，不存在狭隘的心理，那么，他是不会对他人充满嫉妒之心的。因为嫉妒，他不希望别人比自己优越；因为自私，他总是想剥夺别人的优越。喜欢嫉妒的人从来不说一句好话，因为他们狭隘的心里容不下别人的长处，他以说别人的坏话来寻求一种心理上的满足。在生活中，喜欢嫉妒的人是没有朋友的，因为他把所有比自己强的人都视为敌人，另一方面，却瞧不起那些比自己弱的人。

古人曰："人有才能，未必损我之才能；人有声名，未必压我之声名；人有富贵，未必防我之富贵；人不胜我，固可以相安；人或胜我，并非夺我所有。操心毁誉，必得自己所欲而后已，于汝安乎？"嫉妒，它是毒害纯洁感情的毒药，是吞噬善良心灵的猛兽，是丑化面容的黑斑，其气来源于你心中的狭隘与不自信。其实，嫉妒是无能的表现，因为自己不能达到对方的高度，不能获得对方的荣誉，只好用嫉妒心理来维护自己的自尊。英国文艺复兴时期的哲学家弗朗西斯·培根曾说："在人类的一切情感中，嫉妒之情恐怕是最顽强，最持久的了。"在众多心理状态中，嫉妒是一种心理病态，是基于内心的狭隘和不自信，很多人们容易产生嫉妒的心理，总觉得自己处处不如别人，埋怨上天的不公平。虽然，"嫉妒之心，人皆有之"，但是，如果这种心理的疾病不及时根除，就会束缚我们的内心，使我们的心灵透不过气来。

在《三国演义》里，有众人皆知的"诸葛亮三气周瑜"的故事：

赤壁之战结束后，孙刘两家均欲取荆襄之地，如此一来，才能占据长江之险，与曹操抗衡。刘备屯兵在油江口，周瑜知道刘备有夺取荆州的意思，便亲自赶赴油江与刘备谈判。谈判之前，刘备心中忧虑，孔明宽慰说："尽着周瑜去厮杀，早晚教主公在南郡城中高坐。"后来，周瑜在攻打南郡时付出了惨重的代价，不仅吃了败仗，而且自己还身中毒箭，不过，周瑜还是将曹仁击败。可是，当周瑜来到南郡城下，却发现城池已经被孔明袭取，周瑜心中十分生气："不杀诸葛村夫，怎息我心中怨气！"

周瑜一直想夺回荆州，先后与刘备谈判均无好的结果，这时，刘备夫人去世。周瑜便鼓动孙权用嫁妹之计将刘备诱往东吴而谋杀之，继而夺取荆州。没想到此计又被诸葛亮识破，将计就计让刘备与吴侯之妹成了亲。到了年终，刘备以孔明之计携夫人几经周折离开东吴，周瑜亲自带兵追赶，却被关云长、黄忠、魏延等将追得无路可走。此时，蜀军又齐声大喊："周郎妙计安天下，赔了夫人又折兵！"这次，周瑜气得人差点昏厥过去。

过了一段时间，周瑜被任命为南郡太守，为了夺取荆州，周瑜设下了"假途灭虢"之计，名为替刘备收川，其实是欲夺荆州，不想，再次被孔明识破。周瑜上岸后不久，就有大批人马杀过来，言道"活捉周瑜"，周瑜气得箭疮再次迸裂，昏沉将死，临死前还长叹："既生瑜，何生亮！"

英国伟大的剧作家莎士比亚说："您要留心嫉妒啊，那是一个绿眼的妖魔！"周瑜本聪明过人，才智超群，但却心胸狭隘，对于比自己技高一筹的诸葛亮耿耿于怀，心生嫉妒，最终落得个气绝身亡，怀恨而死的下场。嫉妒就是这样一种病态心理，宛如毒药，周瑜被嫉妒的心态所缠绕，最后，无疑自饮毒酒。我们不难发现，嫉妒之源来自于两方面，一是心胸的狭隘，二是对自己不够自信。试想，如果周瑜能够心胸开阔，对自己充满自信，他也不会英年早逝。

此外，嫉妒心理是具有等级性的，也就是说，只有处于同一竞争领域的两个竞争者才会有嫉妒心理和嫉妒行为。通常情况下，人们只会嫉妒与自己处于同一竞争领域的比自己表现优越的人，而不会嫉妒与自己不在一个领域中的人。周瑜嫉妒诸葛亮，就是因为诸葛亮与自己是处在同一个领域，而他并没有去嫉妒与自己不处于同一领域的，比如曹操、孙权。

曹丕忌曹植，终留下了把柄："煮豆燃豆萁，豆在釜中泣。本是同根生，相煎何太急。"对自己的不自信以及内心的狭隘，常常使我们的嫉妒心理越加严重，若不及时抽身而出，反而会被嫉妒所吞噬。古人曰："欲无后悔须律己，各有前程莫妒人。"好嫉妒的人自私而狭隘，他们往往很自大，总想高人一等，容不下比自己强的人，看到周围的人超过了自己，要么就设法贬低对方，不然就陷害对方。那么，我们如何才能冲出嫉妒的黑网呢？对此，我们除了应该正确认识自己，看到自己的优点，还应尽早从病态的自尊心和自卑感中解脱出来，正视自己与他人之间存在的差距，要知道与其嫉妒别人，不如学习对方的长处，这样，思想解脱了，技能也长进了。所以，我们要学会正视自己，扬长避短，努力冲破嫉妒的黑网，走向豁达广阔的天地。

第二节　正视你的嫉妒心，清醒地挖掘你的"失败点"

周国平在《论嫉妒》一文中这样写道："嫉妒是对别人的快乐所感觉到的一种强烈而阴郁的不快。在人类心理中，也许没有比嫉妒更奇怪的感情了。一方面，它极其普遍，几乎是人所共有的一种本能。另一方面，它又似乎极不光彩，人人都要把它当做一桩不可告人的罪行掩藏起来。结果，它便转入潜意识之中，犹如一团暗火灼烫着嫉妒者的心。这种酷烈的折磨真可以使人发疯、犯罪乃至杀人。"这似乎道出了嫉妒心的特点，实际上，我们每个人，或多或少都会存在一些嫉妒心理，要想避免它，我们首先应该学会正视它，只有正视自己的嫉妒心，我们才能挖掘出自己的"失败点"。当然，嫉妒心理的出现也并不是无药可救的，我们可以将嫉妒心理所带来的危险系数降到最低，这就在于我们如何看待自己的嫉妒心。

好嫉妒的人，他们不能容忍别人的快乐与优越，在嫉妒心理的刺激下，他们会用各种方式去破坏别人的快乐与幸福。有的人会用流言蜚语来恶意中伤他人，有的人采用打小报告来排挤对方。好嫉妒的人，他们的心理既自卑又阴暗，几乎享受不到阳光的美好，也体会不到生活的乐趣。嫉妒是人性的弱点之一，它是一种比较复杂的心理，包括了焦虑、恐惧、悲哀、猜疑、羞耻、怨恨、报复等不愉快的情绪。他们嫉妒的可能是窈窕的身材、美丽的容貌或是他人身上显露出来的聪明才智，也许还有社会评价的各种因素，诸如金钱、地位、荣誉等。

有一个人，他十分嫉妒自己的邻居。邻居越是生活得快乐，他就越是感觉不到快乐；邻居生活得越好，他就越是痛苦。每天，他都盼望着邻居倒霉，希望邻居家着火、希望邻居得了什么不治之症，或者希望雨天打雷能劈死邻居家一两个人，甚至希望邻居的儿子夭折……不过，令他自己痛苦的是，每天看到邻居的时候，发现邻居总是活得好好的，而且还面带微笑与自己打招呼。对此，这个人的心里更加生气，恨不得给邻居的院子里扔一包炸药，把邻居炸死，但是，又害怕自己会偿命。就这样，他每天折磨自己，心中无比痛苦，身体也日渐消瘦，在他心中就像堵了一块大石头，吃不下，睡不着。

有一天，他决定给邻居制造点晦气，这天晚上，他在花圈店买了一个花圈，然后偷偷地给邻居家送去。当他走到邻居家门口的时候，却意外地听到里面有人在哭，这时，邻居正好从屋里走了出来，看到他送过来一个花圈，忙说道："这么快就过来了，谢谢！谢谢！"原来，邻居的父亲刚刚过世，这人感到十分无趣，"嗯"了一声就走了。

由于内心的嫉妒，他将自己置于心灵的地狱之中，折磨自己，但是，最后，他却一无所得，只有剩下无比的痛苦的内心。嫉妒既害人又害己，嫉妒者所造的流言、恶语、陷害等，往往会给他人造成巨大的伤害；而对自己来说，嫉妒伤身又伤心，嫉妒者把时光用在陷害和憎恨别人身上，而不是潜心于自己的心灵修炼。所以，嫉妒不仅危害那些被嫉妒的人，也折磨嫉妒者本人，如果你心中常怀嫉妒之心，就要正视它，不断地反省自己，改善自己的品行。

在战国时期，秦国常常欺侮赵国。有一次，赵王派大臣蔺相如到秦国去交涉，蔺相如见了秦王，凭着自己的机智和勇敢，给赵国争得了不少面子。秦王见赵国有这样的人才，就不敢再小看赵国了。而回到赵国的蔺相如，当即被封为"上卿"。赵王如此看重蔺相如，这可气坏了赵国的大将军廉颇，心想：我为赵国拼命打仗，功劳难道不如蔺相如吗？他不过只凭了一张嘴，有什么了不起的本领，地位倒比我还高！廉颇越想越不服气，嫉妒心开始滋生，他怒气冲冲地说："我要是碰着蔺相如，要当面给他点儿难堪，看他能把我怎么样！"

廉颇的这些话传到了蔺相如耳朵里，蔺相如立即吩咐手下的人，让他们以后碰着廉颇手下的人，千万要让着点儿，不要和他们争吵。廉颇手下的人，看见上卿这样让着自己的主人，更加得意忘形，见到蔺相如手下的人就嘲笑他们。蔺相如手下的人受不了这个气，跟蔺相如说："您的地位比廉将军高，他骂您，您反而躲着他，让着他，他越发不把您放在眼里啦！这么下去，我们可受不了。"蔺相如却心平气和地说："我见了秦王都不怕，难道还怕廉将军吗？要知道，秦国现在不敢来打赵国，就是因为国内文官武官一条心，我们两人好比是两只老虎，两只两虎要是打起架来，不免有一只要受伤，甚至死掉，这会给秦国造成进攻赵国的好机会。你们想想，国家的事儿要紧，还是私人的面子要紧？"

蔺相如的这番话传到了廉颇的耳朵里，廉颇惭愧极了，想到自己的嫉妒之心真的是不应该。正视了自己的心理，廉颇毅然脱掉一只袖子，露着肩膀，背了一根荆条，直奔蔺相如家，廉颇对着蔺相如跪了下来，双手捧着荆条，请蔺相如鞭打自己。蔺相如却将廉颇扶了起来。从此，两人成为了很好的朋友。

蔺相如宽广的胸怀，让廉颇意识到自己的狭隘，正视了自己的嫉妒心，廉颇清醒地挖掘到自己的"失败点"，做出"负荆请罪"的义举，最终，将内心那邪恶的嫉妒心扼杀在摇篮之中，还因此赢得了一个朋友。面对嫉妒，应该承认它，接受它，因为当你抵制一种情绪的时候，往往会适得其反；相反，如果你接受嫉妒这种情绪，你就能正视地看待它，消化它，最终，这种情绪就会消失。

第三节　热衷攀比、贪恋虚荣的人，
早晚会把自己气死

我国明代思想家、文学家吕坤说："气忌盛，新忌满，才忌露。"嫉妒是一条毒蛇，它专门啃噬人的心，我们常常会说"羡慕"，却很少提及嫉妒，似乎总想掩藏内心的秘密。其实，嫉妒和羡慕本是同根生，在某些方面别人有你所没有，别人能你所不能，羡慕和嫉妒就产生了。有人说，羡慕是嫉妒的华丽转身，羡慕中多了一丝向往，嫉妒中多了一丝怨恨。在日常生活中，我们常常会听到嫉妒的心声："你看，隔壁的王先生多潇洒，楼下的阿松自己买了小车，对面的小张刚刚炫耀说又订了一套别墅，看看我们自己，还住在筒子楼，要钱没钱，要车没车，工作也不好……"俗话说："人比人，气死人。"虽然，人与人之间的比较是一种常见的心理活动，但是，我们如果用消极的心态去攀比，贪恋虚荣，不仅会在比较中迷失自己，心中燃起嫉妒的熊熊大火，而且早晚有一天也会将自己所吞没。

在生活中，人们常常为钱而奔波，没有一个人会嫌自己赚的钱多，他们内心那种攀比心理、虚荣心理，逐渐将自己逼近一个无底的深渊。许多人有一份稳定的工作，拿着固定收入，但却与那些做生意发财的人相比。这样一比较，除了一丝羡慕剩下的全是嫉妒，心里总想着凭什么他们能赚那么多钱。因此他们常常抱怨生活，总是看这里不顺眼，看那里不顺眼，甚至，将这样一种嫉妒、怨恨的心态推己及人，给身边的人带来不好的影响。对此，有人一语道破玄机："人活着就不能把金钱、荣誉、地位看得太重，其实，拥有10万元和拥有100万元的人没什么两样，都是一日三餐，无非他们是吃海鲜，我们吃虾皮；他们开奥迪，我们开奥拓。前面有坐轿、骑马的，后面有推车的，我们就是那中间骑驴的,比上不足,比下有余,所以,知足常乐吧,哪来这么多嫉妒。"

在东南亚一带,流传着这样一个故事:

有一个人遇到了上帝,上帝对他说:"从现在起,我可以满足你任何一天愿望,但前提是你的邻居会同时得到双份的回报。"那人高兴不已,但是,他仔细一想:如果我要得到一份田产,邻居就会得到两份田产;如果我要得到一箱金子,邻居就会得到两箱金子;更要命的是如果我得到一个绝色美女,那个看来一辈子打光棍的家伙就会同时得到两个绝色美女了。他想来想去,不知道提出什么要求才好,他实在不甘心让邻居占了便宜。最后,他一咬牙:唉!你挖掉我一只眼睛吧!

印度大文豪:"孤独的花儿,不要嫉妒繁密的刺儿。"这个故事所反映的是东方式的嫉妒,如果人们在嫉妒的心理中循环,那么,生活中所有美好的东西都将变成嫉妒的陪葬品。由于狭隘、自私而产生的嫉妒是消极的,在攀比的心理引导下,嫉妒心会成为我们前进的绊脚石,使自己陷入痛苦的深渊而无法自拔。其实,人生就是一道加减法,有得必有失,幸福和快乐是不可比较的,因为它没有止境,也没有具体的标准。如果你总是纠结于攀比,那么,你永远都是吃亏的那一个,因为在攀比时,你已经忽略了自己的幸福。

早上,王雯穿着新买的裙子上班,心里别提多美了,心想:这身打扮应该会把办公室那群人给比下去,不知道多少人会称赞自己有品味呢。她一边想着,一边乐,忍不住对着公司大门的镜子整理头发。来到办公室,王雯还没有来得及炫耀自己的新裙子,就看到一大群女人围着李倩,大家嘴里发出阵阵赞叹声。王雯心中顿感不快,挤着围过去一看,原来,李倩今天也穿了新裙子,不过,无论是款式还是质量都在自己所穿的裙子之上。王雯看了一眼,满脸不屑,气冲冲地走了,身后传来同事的议论:"她总是这副样子,爱攀比,比了又生气,真是搞不懂这个人……""可不是嘛,要我说啊,就是嫉妒心在作怪,每次都这样子,都已经习惯了"。

听了同事的议论声,王雯怒火一下上升了,她回过头,大声责问道:"你们说谁呢?"同事纷纷走开了,只留下脸红脖子粗的王雯。生气的王雯进了卫生间,对着镜子重新审视自己的裙子,越看越生气。一气之下,王雯拉着裙子的下摆猛地一扯,本来只是发泄心中的怨恨,没想到,新买的裙子居然被扯出了一条长长的口子。看着镜子中的自己,王雯气得哭了起来。

对于一些攀比心较重、心理欲望较高的人来说,他们时常会因为攀比把自己气得够呛,到最后,他们也不知道事情到底错在哪里。心胸狭隘的人,总喜欢以己之短比人之长,喜欢计较个人名利得失,越攀比越是痛苦,感觉自己真的"吃了亏"或"运气不好",甚至,开始抱怨自己是"生不逢时"。看到自己的朋友当了官、发了财,自己的心理就很不平衡,总想着以前他还不如自己呢,但是,他们却不去思考对方取得成功的原因。

智者说:"弱者的思路是嫉妒,强者的出路是竞争。"当自己在与别人作比较的时候,为什么不试着改变自己的心态呢? 以乐观积极的心态,化嫉妒为动力,鼓励自己不断前进,这样,我们才会越来越接近对方,嫉妒之心也会消失不见。那些热衷于攀比,贪恋虚荣的人,则早晚会把自己气死。在这个世界,没有绝对优秀的人,每个人身上总是有着这样或那样的缺点,在与他人比较的过程中,往往会生出诸多嫉妒之气,此时要控制自己的情绪,如果任意妄为,就会越想越气,心情就会自然郁结起来。

第四节 "羡慕,嫉妒,恨"不如"努力,奋斗,拼"

不知道从什么时候开始,人们嘴里开始念叨着"羡慕、嫉妒、恨",这样一种情绪竟然成为了一句流行语。人们因为不满情绪的递增强烈到不能自拔。羡慕是一种向往、崇拜,同时,它也是嫉妒的萌芽,若是一个人对他人充满了嫉妒,其中肯定夹杂着羡慕的情绪;当羡慕不能改变自己的现状,他人依然有着自己不能超越的情况下,那种羡慕就会转变为嫉妒;恨,则是嫉妒的极限,它是由嫉妒心而延伸的,因为总见不得别人的好,心底就会对某人产生憎恨的情绪。"羡慕、嫉妒、恨"看起来更像是一种修辞,不仅强化了中心词"嫉妒"的表达效果,同时,也包含了嫉妒的来龙去脉。嫉妒,到底是源自哪里,又将演变成什么呢?"羡慕、嫉妒、恨"又能如何呢?那些我们不能改变的东西依然改变不了,无论是羡慕、嫉妒,还是恨,都只是我们自己的情绪表达,所伤害的到头来还是自己,对他人却不会增添烦恼。与其"羡慕、嫉妒、恨",不如"努力、奋斗、拼",化嫉妒为动力,这样,我们才能将嫉妒之火彻底浇灭。

日本哲学家阿部次郎在《人格主义》里写道:"什么是嫉妒?那就是对于别人的价值伴随着憎恶的羡慕。"嫉妒源自于羡慕,不过,彼此也有细微的差异:羡慕,是指看到别人有某种长处、好处或有利条件,希望自己也能获得同样的东西;嫉妒,是指看到别人拥有这些东西,产生情绪抵触,顿时心生恨意。"羡慕、嫉妒、恨"刻画了嫉妒的成长轨迹,羡慕只是嫉妒的表层,恨才是嫉妒的核心。歌德更是一句话道出了"嫉妒"与"恨"的关系,他这样说:"憎恨是积极的不快,嫉妒是消极的不快,所以,嫉妒很容易转化为憎恨,就不足为奇了。"其实,嫉妒心是人的一种本能,谁没有嫉妒过别人呢?只是,每个人嫉妒心的强弱程度不同,微弱的嫉妒可以激发人的进取心和竞争意识,这根本不算什么坏事;但是,如果一个人的嫉妒心过于强烈,整日里痛苦着别人的幸福,幸福着别人的痛苦,时间长了,人就会陷入一种病态心理。

从前,有个人饲养了山羊和驴子,主人总是给驴子喂充足的饲料,而山羊每顿只能吃得七八分饱。对此,嫉妒心很重的山羊对驴子说:"你一会儿要推磨,一会儿又要驮沉重的货物,十分辛苦,不如装病,摔倒在地上,这样便可以得到休息了。"驴子听从了山羊的劝告,摔得遍体鳞伤。主人请来了医生,为驴子治疗,医生说:"将山羊的心肺熬汤作药给驴子喝,这样才可以治好。"于是,主人马上杀掉了山羊,去为驴子治病。

这是《伊索寓言》里的一个故事,嫉妒心强的山羊对驴子怀恨在心,假装为其出主意,实际上却是想将驴子置于死地,但是,没想到,被嫉妒心吞噬的山羊在实施仇恨的报复行为中竟然将自己也不小心"算计"了进去。如此看来,"羡慕、嫉妒、恨"就如同一个无底的黑洞,不仅殃及了别人,同时,也埋葬了自己。

小王和小李是大学同学,大学毕业后,他们进入了同一家公司。在别人看来,这是多么奇妙的缘分,可对于小王来说,却是有苦说不出。原来,两人虽然是大学同学,却也是大学时代的竞争对手。在班里,小李是班长,小王是副班长,学习成绩彼此不相上下,如果小王在歌唱大赛中得奖了,那么,小李肯定会在诗歌朗诵中取得优异的成绩。在各方面,小李似乎都略胜一筹,这让小王感到大学生涯是多么的痛苦。小王克制不了自己对小李的嫉妒心,每次只要听到小李有了什么成绩,小王心中就有一种深深的恨意。

上班第一天,小李友好地向小王打招呼,没想到,小王只是冷冷地回看了他一眼。小王在心里暗暗下决心:这一次,我一定要超过你! 可是,在第二天,小王就遭受了打击,小李被任命为经理助理,职位一下子就高了很多。小王忍不住说了句风凉话:"没想到,你还是跟大学一样,手段了得。"小李忍住心中的不快,笑着说:"你说话总是这样犀利,其实,你也可以的,不妨把对我的恨意化作动力吧!"小王呆住了,自己以前那么嫉妒、那么仇恨,可是却从没能改变什么,小李还是那么优秀。如果早将那种羡慕、嫉妒、恨化作努力、奋斗、拼,自己或许早就摆脱苦海了。

培根说:"人可以容忍一个陌生人的发迹,但绝不能忍受一个身边人的上升。"虽然,距离产生美,但是,近距离的接触却只会产生嫉妒。一个人一旦心生嫉妒,他就会变得"卑劣"了,他会静静地呆着,等着你出现错误,甚至,开始处心积虑地为你制造出一些麻烦。事实上,有着强烈嫉妒心的人与"小人"没有实质的差异。一般的嫉妒,只会停留在心理层面上的"恨",对他人并不会造成多大的伤害;强烈的嫉妒心,则会促使人采用一些卑劣的手段来阻碍他人的上升。

嫉妒源于自己不如人,若是一个人能被人嫉妒,就会从嫉妒者眼里看到被嫉妒者身上一种精神上的优越和快感。嫉妒别人，只会透露自己的懊恼、羞愧，打击自己的自信心。所谓"学到知羞处，才知艺不精"，当你嫉妒一个人的时候，是否意识到自己的短处呢？古人说："临渊羡鱼，不如退而结网。"不要对他人产生"羡慕、嫉妒、恨"这样的情绪，而是应该化嫉妒为动力，自觉地将"恨"转化为"拼"，自强不息，让自己真正地进步！

第五节　做独特的自己，你拥有的未必他能得到

当代作家周国平说："伟大的成功者不易嫉妒，因为他远远超出一般人，找不到足以同他竞争、值得他嫉妒的对手。一个看破了一切成功之限度的人是不会夸耀自己的成功，也不会嫉妒他人的成功的。"嫉妒，是我们为了竞争一定的利益，对相应的幸运者或潜在的幸运者怀有的一种冷漠、贬低、排斥，甚至是敌视的心理状态。换句话说，嫉妒是由于他人胜过了自己而引起的消极情绪。比如当看到同事比自己有能力时，心里就会酸溜溜的，很不是滋味，不自觉就会对其产生羡慕、憎恶、愤怒、怨恨、猜疑等一系列复杂的情感。一般而言，好嫉妒的人，不能容忍别人超过自己，害怕别人得到了自己无法得到的名誉、地位等，因为在他们看来，自己办不到的事情别人也不要办成，自己得不到的东西别人也不要得到。然而，在这个世界上，每个人都是独特的，或许，从某一方面来看，对方是比自己优越，但是，在另外一些方面，自己所拥有的却是对方未必能得到的。

日常生活中，我们常常为那些不存在的东西而怨恨。有的人嫉妒邻居买了新房子，却忽略了自己有一个温馨的家；有的人嫉妒同事买了豪车，却忽略了有一个骑着摩托车接自己上下班的男友；有的人嫉妒朋友有美丽的外表，却忽略了自己有温和的好脾气。很多时候，我们对他人产生嫉妒之心

的时候,其实,已经让自己踏进了痛苦的陷阱了,因为你已经忽略了眼前的幸福。别人所拥有的并不都是适合自己的,而我们所拥有的应该看做是最好的,至少它能够长久地陪伴在我们身边。如果你总是舍弃自己手中已经拥有的幸福,总是嫉妒他人所获得的东西,你就会发现你自己什么也没有得到,反而徒增了许多烦恼。所以,做最独特的自己,没有必要心生嫉妒,因为你拥有的别人未必能得到。

从前,有一位贫穷的农夫,他有一位非常富有的邻居。邻居有很大一个院子,有一栋非常漂亮的房子,还有一辆漂亮的马车。对此,农夫对邻居十分嫉妒,心想:他一个人住那么大的房子,可我呢? 一家五口人拥挤在一个小草房里,上天真是太不公平了。每次遇到这位邻居,贫穷的农夫都会冷漠地走开,似乎这样一种姿态可以满足自己的自尊心。到了晚上,农夫就开始痛苦了,他翻来覆去就是睡不着,总想着如果自己能住上邻居那样的大房子该有多好。于是,他向上天祈祷,让那位富有的邻居变得像自己一样贫穷吧,不然,自己会被嫉妒之心气死的。

后来,村子里来了一位智者,据说,他能给那些痛苦的人指引道路,从而让他们过上快乐的日子。农夫觉得自己也应该去看看,来到那里才发现人们已经排起了很长的队伍,而排在自己前面的不是别人,正是那位邻居。农夫感到很奇怪:"这样一位富有的人也会感到痛苦吗?"过了半天,邻居进去了,农夫还在外面等着,可是,直到太阳下山,邻居还没有出来,农夫的嫉妒又开始了:"上帝真是不公平,怎么智者就跟他说了这么多。"终于,邻居出来了,那位富人的脸上显露了从未有过的笑容。

农夫心中一动,急忙走了进去,智者说:"你为何而痛苦啊?"农夫回答说:"我总是看我那位邻居不顺眼。"智者微笑着说:"这是嫉妒在作怪,你需要做的就是克制自己,想想自己所拥有的东西。"农夫十分生气:"智者啊,你怎么也那么偏袒呢? 给我的邻居那么多忠告,却只给我简单的两句话。"智者说:"你一进来,我就猜到你是为什么而痛苦,贫穷所带来的嫉妒,可是,那位富人进来,我只看到他殷实的外在，看不到他精神的匮乏，详细询问了才知道他的症结所在。"农夫不解："他也会感到不快乐吗？"智者说："当然，虽然他比你富有，房子比你大，但是，他只有一个人，而你呢？还有贤惠的妻子和可爱的孩子，现在，你想想，你所拥有的是不是他所缺乏的，这样一想，你就不会痛苦了。"听了智者的话，农夫心中释然了，他感到快乐的日子离自己不远了。

农夫的嫉妒让自己远离了快乐，陷入了痛苦的深渊，他所看见的都是他人表面的光鲜，而忽略了自己快乐的因素。在这样的心理状态下，他会认为凡事都是邻居好，自己似乎什么都差劲，但经过智者的点拨，他发现原来在自己身上还隐藏着一些宝藏，而这些都是那位富裕邻居所缺乏的，自己还有什么值得去嫉妒的呢？

有这样一则寓言："猪说假如让我再活一次，我要做一头牛，工作虽然累点，但名声好，让人爱怜；牛说假如让我再活一次，我要做一头猪，吃罢睡，睡罢吃，不出力，不流汗，活得赛神仙；鹰说假如让我再活一次，我要做一只鸡，渴了有水，饿了有米，有房住，还受人保护；鸡说假如让我再活一次，我要做一只鹰，可以翱翔天空，云游四海，任意捕兔杀鸡。"在生活中，似乎风景都在别处，我们总是不由自主地去羡慕、嫉妒别人所拥有的东西，嫉妒别人的工作，嫉妒同事买的新房，嫉妒别人的车子，可是，我们却忽略了一点，我们自己也有别人所没有的优势。所以，真的不要去嫉妒别人，守住自己所拥有的，搞清楚自己真正想要的，我们才会真正地快乐！

第六节　忍得了他人的"坏"，容得下他人的"好"

生活中，我们可能是被嫉妒的那一位，时刻遭受着嫉妒者的奚落、冷漠，可另外一方面，我们也是嫉妒者，嫉妒着别人所能而自己不能、他人所有而自己没有的方方面面。在我们身边，既有千方百计想陷害我们的"小人"，也有什么都比自己强的"好人"。如何来平衡这样一种关系，从而平衡自己的心理呢？其实，无论是来自嫉妒者的憎恨，还是旁人的优异，它们都是一种客观存在，威胁不了我们的位置，毕竟我们每个人都是独一无二的。这时，不妨糊涂一点，调整好自己的情绪，努力克制住自己，既需要忍得了他人的"坏"，还需要容得下他人的"好"，如此，我们心中才会坦然，嫉妒的情绪也才会消失。

小珊在一家外企工作，上司们都很喜欢她，可是，身边的一些女同事却总是恶语相向。只是因为小珊喜欢这份工作，所以一直坚持到现在。小珊平时喜欢安静，可这样的喜好在其他同事看来却成为了"高傲"，小珊感叹："女人多即是非多啊！"

其实，小珊的内心似乎并不坦然，她也对那些口出恶言的女同事充满了憎恶。为什么会在人际关系中有这样的感觉呢？到底这样的感觉是别人的还是自己的，她似乎并没分清楚。此时的小珊需要忍得了女同事的"坏"，理解那份嫉妒之心是正常的，这至少表明自己还是优秀的，这样一想，心中便会释然了。

另外一方面，我们还需要容得下他人的"好"，在我们身边，总会出现一些比自己优秀的人，面对这样的人，我们要"宰相肚里能撑船"，容得下他们，而不是对他们心生嫉妒之心。

古时候，管仲从小就失去了父亲，自幼与母亲相依为命，他天资聪慧，遇到了事情喜欢动脑筋，对一些问题总是寻根究底，他的理想是当一名贤士名流。当时，管仲家庭生活贫困，被生活所迫，他不得不学起了做生意。刚开始，他把母亲编好的草帽拿到集市上去卖，但由于自己要价太高，结果整整一天，他一顶草帽也没有卖出去。正在管仲又饿又困的时候，鲍叔牙路过此地，经过了一番闲聊，管仲的学识以及修养令鲍叔牙很是敬佩。当他了解到管仲的身世之后，对他更为同情，于是，鲍叔牙请管仲到旅馆住下，与其纵论天下大事，管仲在言谈间表现出来的才干令鲍叔牙十分钦佩。他对管仲说："如果你愿意，咱们俩合伙做生意吧。"管仲当即答应了，两人结拜为兄弟。

　　由于管仲家里比较贫穷，做生意的本钱都是由鲍叔牙出，但是赚来的钱，鲍叔牙总是把多的一半分给管仲。这令管仲很是过意不去，鲍叔牙却说："朋友之间应该互相帮助，你家里不富裕，就别客气了。"过了一阵子，两人一起去当兵，在向敌方进攻时管仲总是躲在后面，而大家撤退时他又跑在了最前面，士兵们纷纷议论管仲贪生怕死，鲍叔牙却替管仲解释说："管仲家里有老母亲，他保护自己是为了侍奉母亲，并不是真的怕死。"管仲听到了这些话非常感动，感叹道："生我的是父母，了解我的是叔牙啊！"

　　后来，齐桓公在鲍叔牙的帮助下取得了王位，于是，在他继位之后，立即封鲍叔牙为宰相。管仲当时帮助的则是公子纠。齐桓公继位之后，管仲被囚，鲍叔牙知道自己的才能不如管仲，于是向齐桓公建议说："管仲是天下奇才，大王若是能得到他的辅佐，称霸于诸侯将易如反掌，管仲并不是与你有仇，只是当时效忠公子纠而已，大王若不计前嫌重用他，他也一定会忠于您。"不久之后，齐桓公用了管仲，在管仲与鲍叔牙的辅佐下，齐国渐渐强盛了起来。

　　鲍叔牙以宽阔的心胸向齐桓公举荐了管仲，虽然管仲的才能远远在鲍叔牙之上，但鲍叔牙并没有生出嫉妒之心，反而处处为管仲着想，凡事都帮着他，他们在历史上成就了一段感人肺腑的友谊。正所谓"举廉不避亲，举贤不避仇"，当我们遇到了比自己更优秀的人时应该予以敬佩之情，而不该心生嫉妒。在生活中，我们也常常会遇到竞争对手，在与之相处的过程中，不自觉地就总是看对方不顺眼，处处想排挤对方，其实，这是一种嫉妒现象。鲍叔牙容下了管仲的优秀，所以，他们成就了一段历史美话。

　　既要忍得了他人的"坏"，又要容得了他人的"好"，对此，那股子植于内心的嫉妒之气不得不消灭。

　　1.培养自己豁达的心态

　　嫉妒心常常来自生活中某些方面修养的缺乏，当我们觉得有嫉妒产生的时候，恰恰是因为别人得到了自己原本想要的地位或荣誉，所以，才心生嫉妒。于是，总是有种"缺乏感"来扰乱想法、感觉，它会引起强烈的负面心理,使自己被嫉妒心纠缠,并不断强化和持久化这种消极情绪。其实,为了摆脱这种负面的心境,我们需要培养自己豁达、洒脱的心态,懂得"天外有天,人外有人""强中自有强中手",相信对于自己还是有很多机会的,这样,嫉妒之心就会慢慢被消减了。

2.转移自己的注意力

如果我们还有很多事情要做,自然就没有时间去嫉妒别人了。为了缓解失败而带来的心理失衡,我们可以找一些事情来做,使自己不再嫉妒别人。因此,在工作之余,积极参加各种有益的活动,努力学习,使自己真正充实起来,这样,嫉妒心将逐渐被瓦解,自己的涵养也慢慢地被提升了。

参考文献

［1］牛凯业.生气不如争气全集［M］.北京:中国纺织出版社,2010.

［2］弘一法师.不生气［M］.北京:北京理工大学出版社,2011.